は　じ　め　に

「算数は、計算はできるけれど、文章題は苦手……」
「『ぶんしょうだい』と聞くと、『むずかしい』」
と、そんな声を聞くことがあります。

たしかに、文章題を解くときには、
・文章をていねいに読む
・必要な数、求める数が何か理解する
・式を作り、解く
・解答にあわせて数詞を入れて答えをかく
と、解いていきます。

しかし、文章題は「基本の型」が分かれば、決して難しいものではありません。しかも、文章題の「基本の型」はシンプルでやさしいものです。

基本の型が分かると、同じようにして解くことができるので、自分の力で解ける。つまり、文章題がらくらく解けるようになります。

本書は、基本の型を知り文章題が楽々解ける構成にしました。
●最初に、文章題の「☆基本の型」が分かる
●２ページ完成。☆が分かれば、他の問題も自分で解ける
●なぞり文字で、つまずきやすいポイントをサポート

お子様が、無理なく取り組め、学力がつく。
そんなドリルを目指しました。

本書がお子様の学力育成の一助になれば幸いです。

陰山英男・三木俊一

文章題に取り組むときは

①　問題文を何回も読んで覚えること
②　立式に必要な数を見分けること
③　何をたずねているかが分かること

②は、必要な数を○で囲む。
③は、たずねている文の下に——を引くとよいでしょう。

（例）P.94の問題

ばらの はなが ⑨こ さいています。
きょう ⑤こ さきました。
ばらの はなは あわせて なんこ さきましたか。

（例）P.105の問題

こどもが すなばに ⑬にん います。
おんなのこは ⑥にんで のこりは おとこのこです。
おとこのこは なんにん いますか。

※　挿し絵に色をぬるのもいい勉強です。

もくじ

5までの たしざん ①

がつ　　にち

なまえ

☆ えを みて □に かずを かきましょう。

あひるが いけに 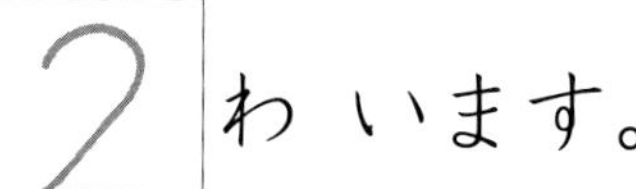 2 わ います。

そこへ あひるが 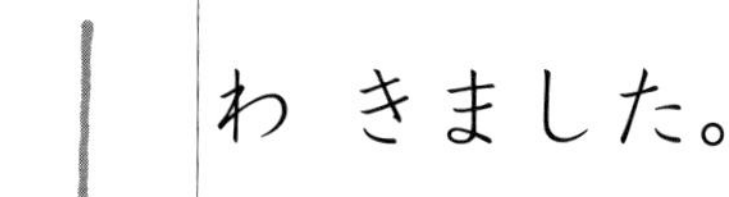 1 わ きました。

あひるは ぜんぶで 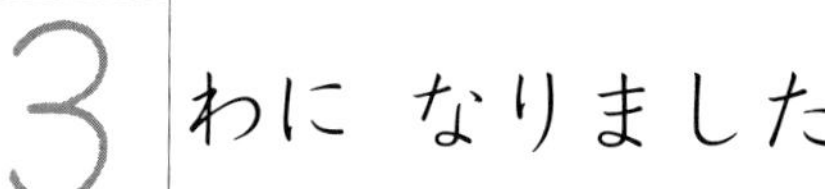 3 わに なりました。

1 えを みて □に かずを かきましょう。

くるまが ① □ だい あります。

そこへ くるまが ② 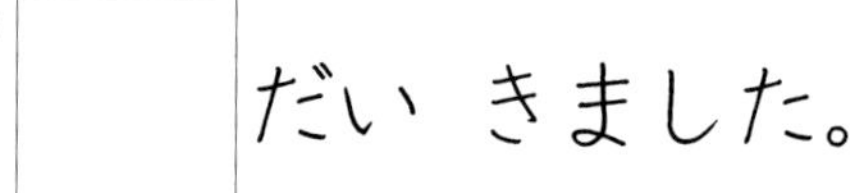 □ だい きました。

くるまは ぜんぶで ③ 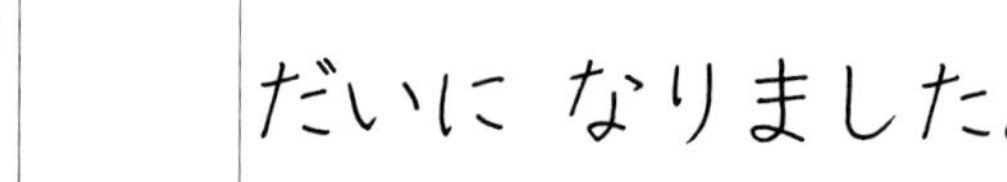 □ だいに なりました。

2 えを みて □に かずを かきましょう。

おりづるを ①□わ おりました。

また ②□わ おりました。

おりづるは ぜんぶで ③□わに なりました。

3 えを みて □に かずを かきましょう。

ねこが ①□ひき います。

そこへ ねこが ②□ぴき きました。

ねこは ぜんぶで ③□ひきに なりました。

がつ　　にち

5までの　たしざん　②

なまえ

☆　あかい　かさが　1ぽん　あります。
しろい　かさが　2ほん　あります。
かさは　ぜんぶで　なんぼん　ありますか。
えの　したに　◯を　かいて　かんがえましょう。

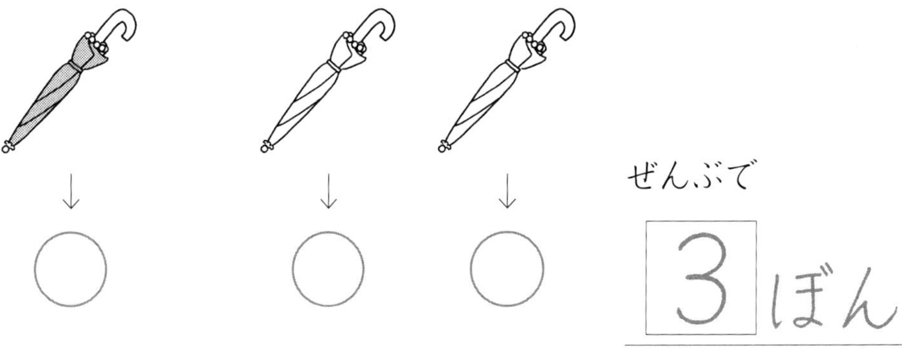

1　あんパン（ぱん）が　3こ　あります。
クリームパン（くりいむぱん）が　2こ　あります。
パンは　ぜんぶで　なんこ　ありますか。
えの　したに　◯を　かいて　かんがえましょう。

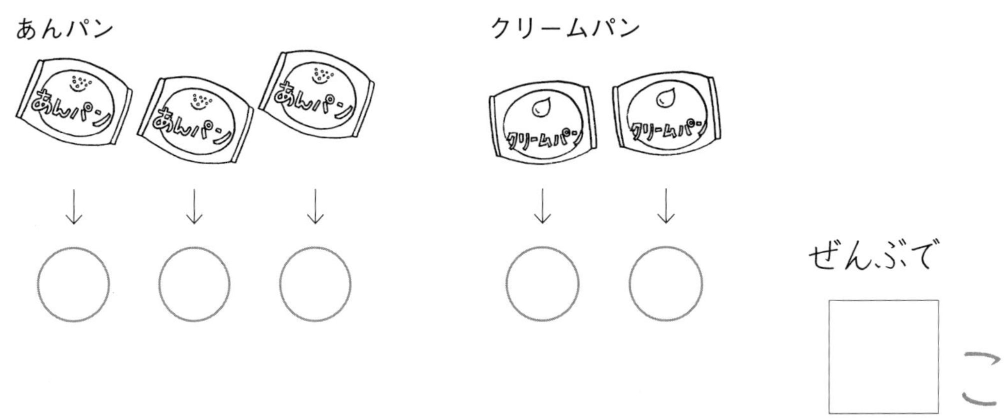

2 みけねこが 1ぴき います。
とらねこが 3びき います。
ねこは ぜんぶで なんびき いますか。

えの したに ◯を かいて かんがえましょう。

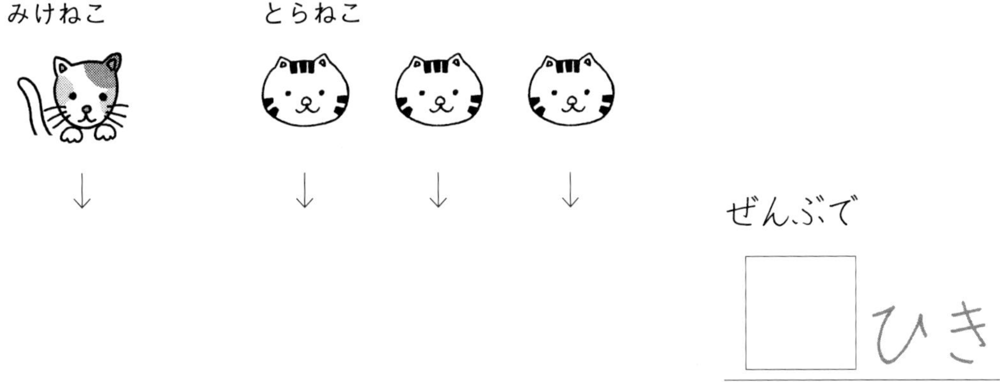

3 かめが いしの うえに 4ひき います。
みずの なかに 1ぴき います。
かめは ぜんぶで なんびき いますか。

えの したに ◯を かいて かんがえましょう。

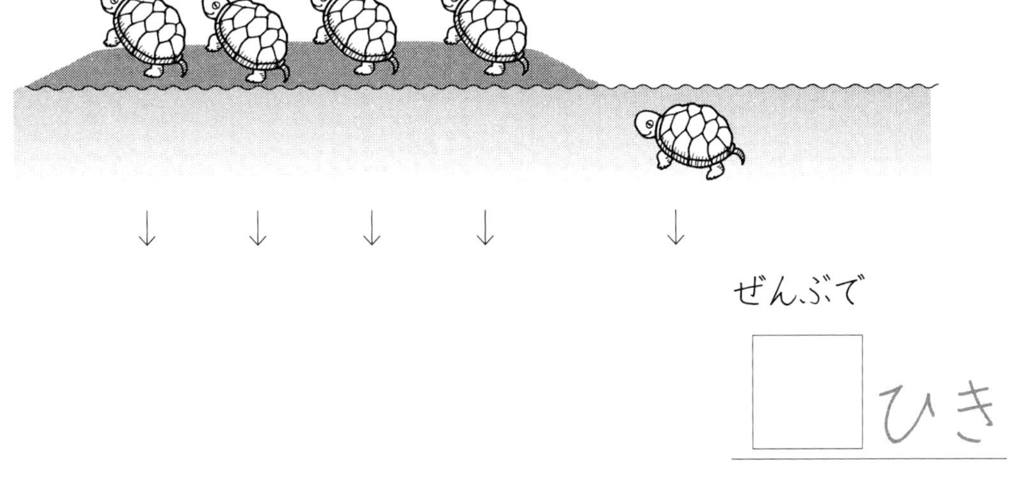

がつ　　にち

5までの たしざん ③

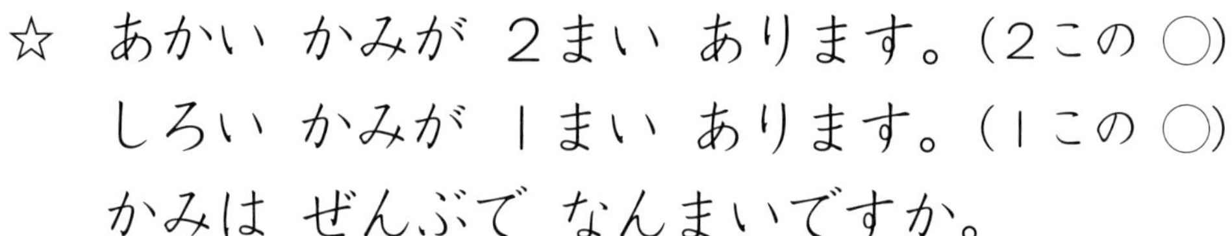

☆ あかい かみが ２まい あります。（２この ◯）
しろい かみが １まい あります。（１この ◯）
かみは ぜんぶで なんまいですか。
◯を かいて かんがえましょう。

あかい かみ

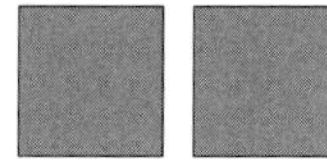

しろい かみ

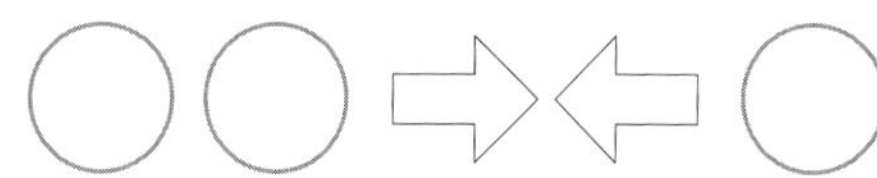

ぜんぶで

1 おさらに クッキーが ２まい あります。（２この ◯）
はこに クッキーが ３まい あります。（３この ◯）
クッキーは ぜんぶで なんまいですか。

おさらの クッキー

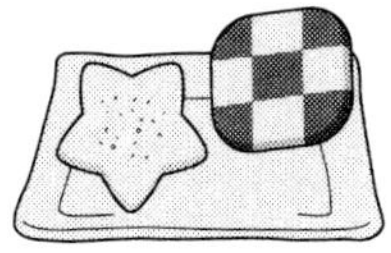

はこの クッキー

ぜんぶで

2 しろい ねこが 3びき います。（3この ◯）
くろい ねこが 2ひき います。（2この ◯）
ねこは ぜんぶで なんびきですか。

3 あかい きんぎょが 4ひき います。（4この ◯）
くろい きんぎょが 1ぴき います。（1この ◯）
きんぎょは ぜんぶで なんびきですか。

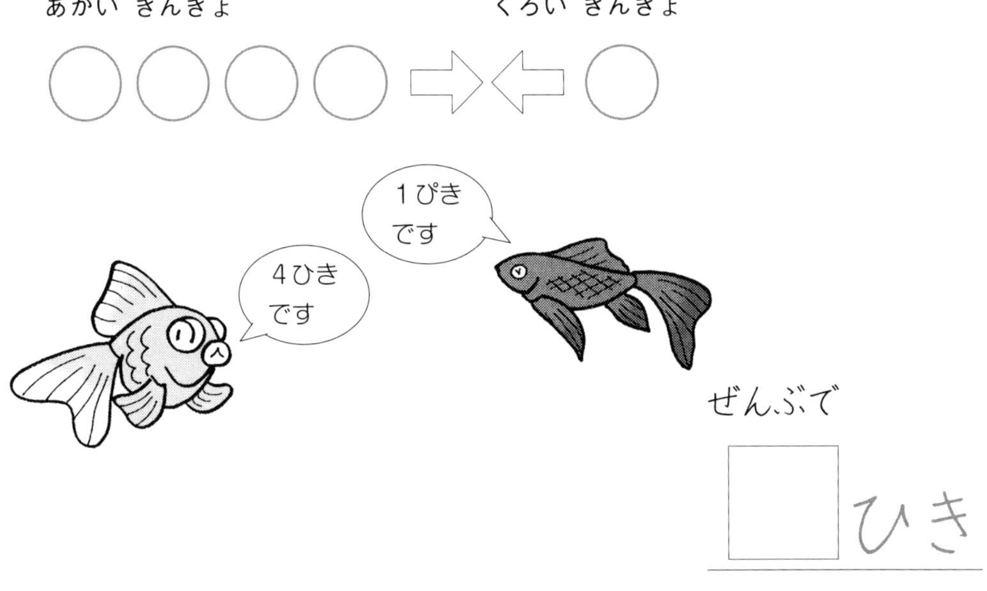

5までの たしざん ④

なまえ

☆ あかい かさが 3ぼん あります。
しろい かさが 1ぽん あります。
かさは ぜんぶで なんぼん ありますか。

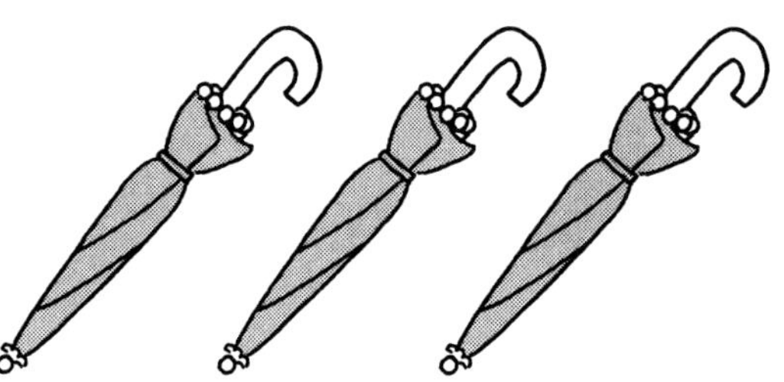

しき 3＋1＝4

こたえ 4ほん

十(たす)を かきましょう。

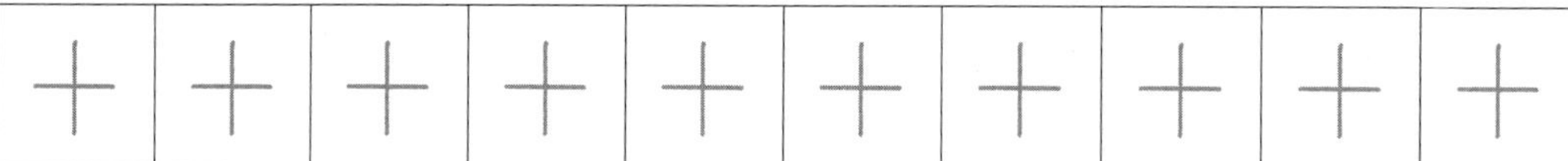

1 しろい はなが 1ぽん あります。
きいろい はなが 4ほん あります。
はなは ぜんぶで なんぼん ありますか。

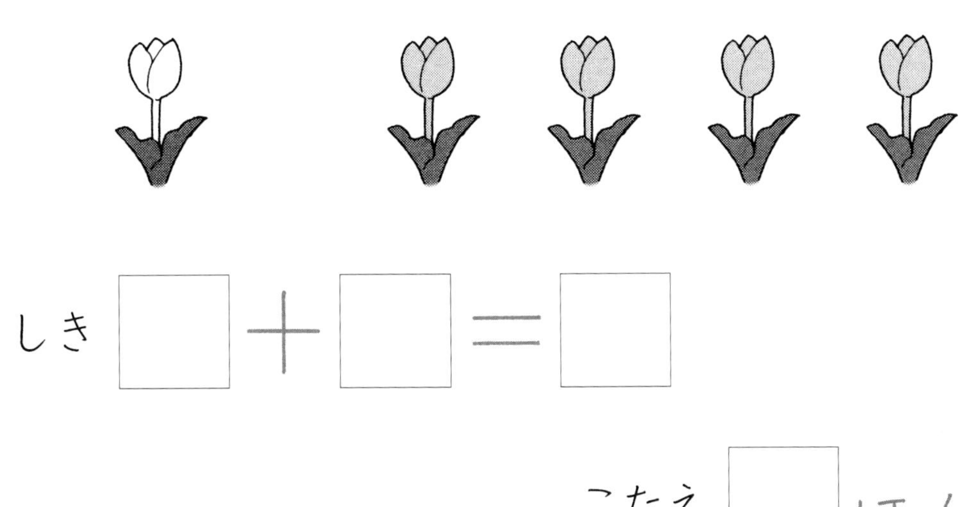

しき □ ＋ □ ＝ □

こたえ □ ほん

2 あおい ボール(ぼおる)が 3こ あります。
しろい ボールが 2こ あります。
ボールは ぜんぶで なんこ ありますか。

しき □ ＋ □ ＝ □

こたえ □ こ

がつ　にち

5までの たしざん ⑤

なまえ

☆ かさが 2ほん あります。
もう 1ぽん かさを かいました。
かさは あわせて なんぼんに なりましたか。
えの したに ◯を かいて かんがえましょう。

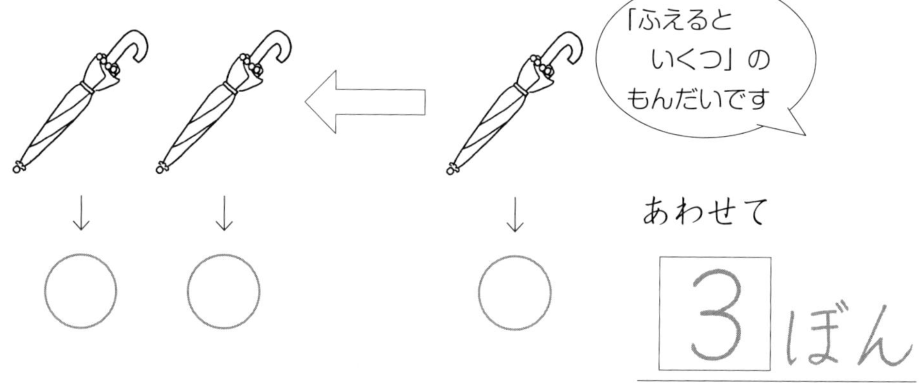

あわせて

3 ぼん

1 おさらに クッキーが 2まい あります。
そこへ クッキーを 3まい いれました。
クッキーは あわせて なんまいに なりましたか。
えの したに ◯を かいて かんがえましょう。

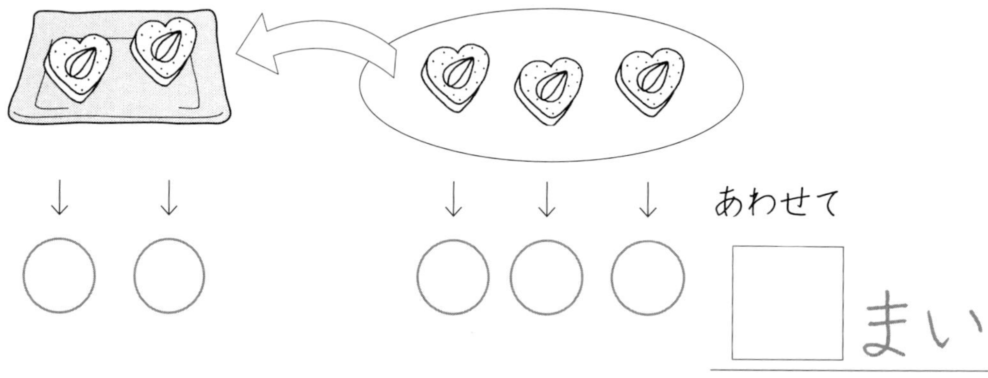

あわせて

□ まい

2 いぬが 3びき います。
そこへ もう 1ぴき きました。
いぬは あわせて なんびきに なりましたか。
えの したに ○を かいて かんがえましょう。

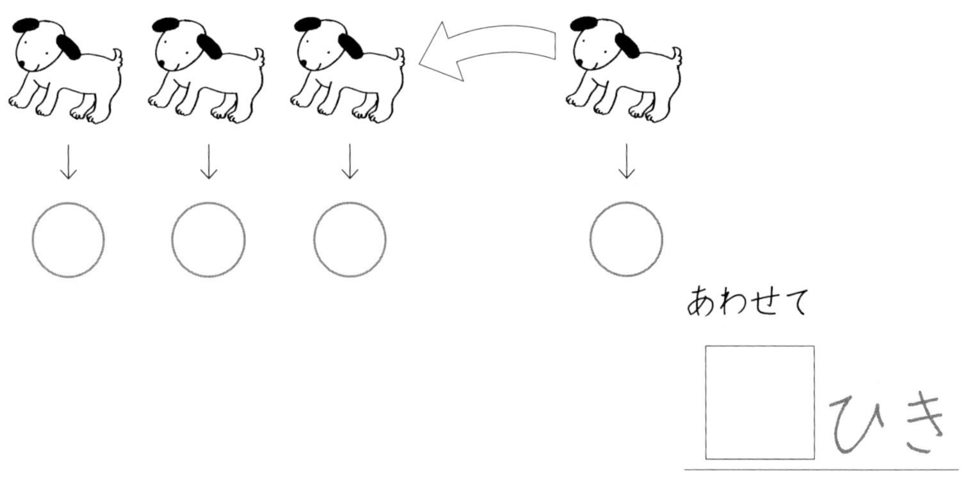

3 かごに トマト(とまと)が 2こ あります。
そこへ トマトを 2こ いれました。
トマトは あわせて なんこに なりましたか。
えの したに ○を かいて かんがえましょう。

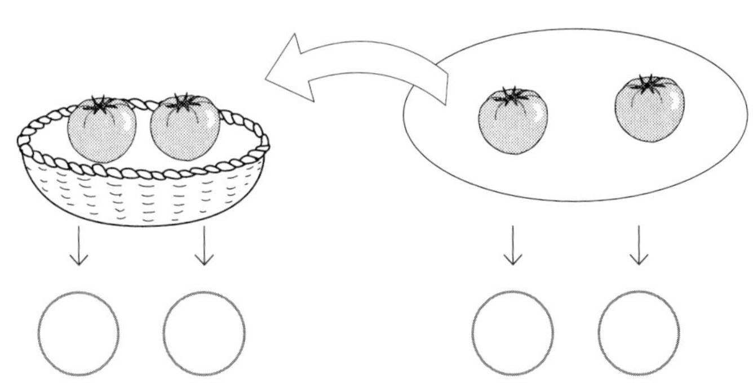

あわせて

がつ　　にち

5までの たしざん ⑥

なまえ

☆ ノート（のおと）が 4さつ あります。（4この ○）
ノートを 1さつ かいました。（1この ○）
ノートは あわせて なんさつに なりましたか。
○を かいて かんがえましょう。

○○○○ ⇦ ○

あわせて

5 さつ

1 いけに こいが 3びき います。
そこへ こいを 1ぴき いれました。
こいは あわせて なんびきに なりましたか。
○を かいて かんがえましょう。

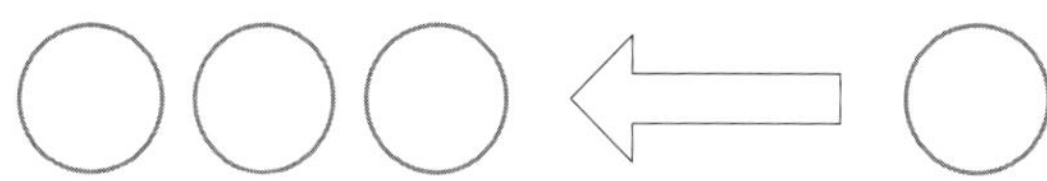

あわせて

2 こうえんで ねこが 2ひき ねて います。
そこへ ねこが 2ひき きました。
ねこは あわせて なんびきに なりましたか。

◯を かいて かんがえましょう。

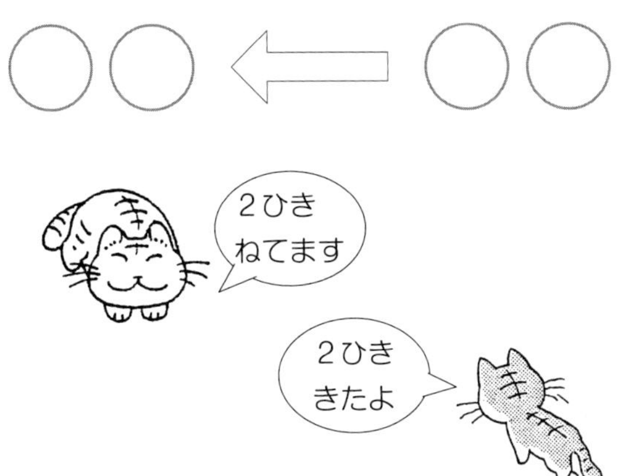

あわせて

□ひき

3 おにぎりを 3こ つくりました。
また おにぎりを 2こ つくりました。
おにぎりは あわせて なんこに なりましたか。

◯を かいて かんがえましょう。

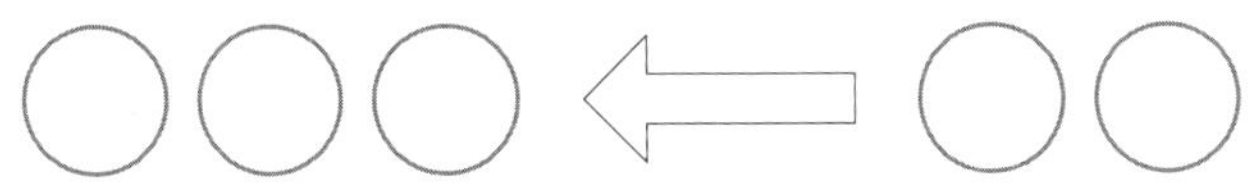

あわせて

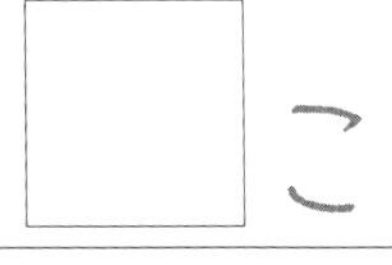

5までの たしざん ⑦

なまえ

☆ いけに あひるが 1わ います。
そこへ あひるが 3わ きました。
あひるは あわせて なんわに なりましたか。

しき 1 ＋ 3 ＝ 4

こたえ 4 わ

1 えんぴつを 1ぽん もっています。
えんぴつを 4ほん もらいました。
えんぴつは あわせて なんぼんに なりましたか。

しき □ ＋ □ ＝ □

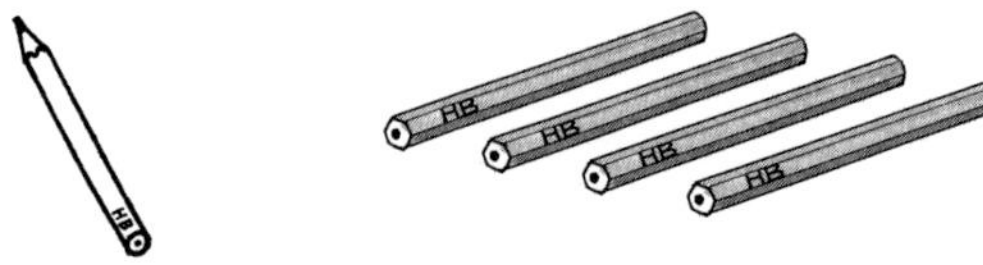

こたえ □ ほん

2 ほんが 2さつ あります。
ほんを 2さつ かって もらいました。
ほんは あわせて なんさつに なりましたか。

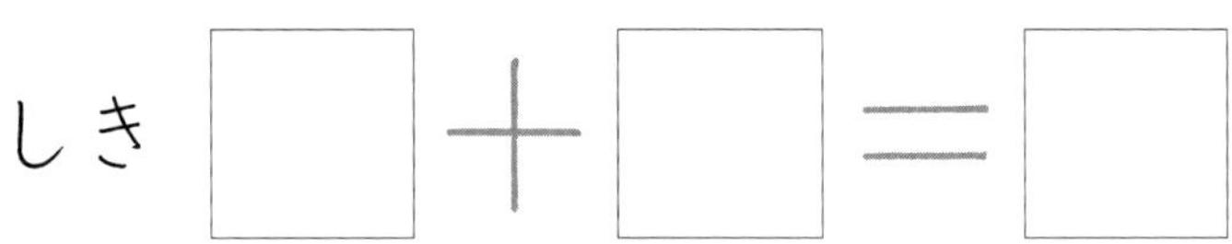

3 すずめが 3わ います。
そこへ すずめが 2わ とんで きました。
すずめは あわせて なんわに なりましたか。

しき □＋□＝□

こたえ □わ

まとめ

がつ　にち　てん

5までの たしざん

なまえ

1 えほんが 2さつ あります。
まんがが 3さつ あります。
ほんは あわせて なんさつ ありますか。

（しき 15てん，こたえ 10てん）

しき □＋□＝□

こたえ □さつ

2 ねこが 1ぴき います。
いぬが 2ひき います。
あわせて なんびき いますか。（しき 15てん，こたえ 10てん）

しき □＋□＝□

こたえ □ぴき

3 はなを 2ほん もらいました。
あとから、3ほん もらうと、なんぼんに なりましたか。 （しき 15てん，こたえ 10てん）

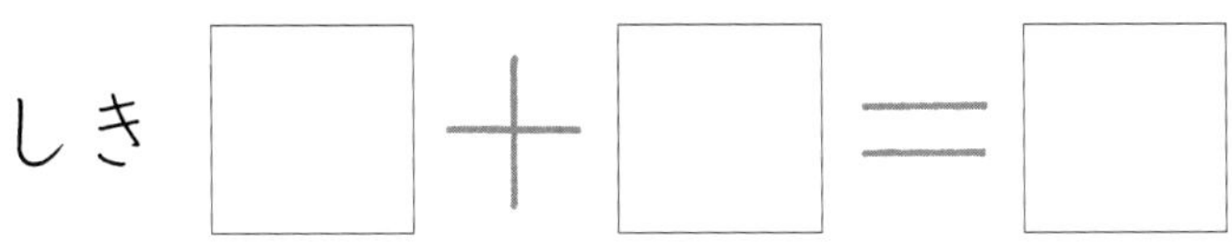

4 くるまが 2だい とまって いました。
あとから、2だい くると、なんだいに なりましたか。 （しき 15てん，こたえ 10てん）

しき □＋□＝□

がつ　　にち

5までの ひきざん ①

☆ えを みて □に かずを かきましょう。

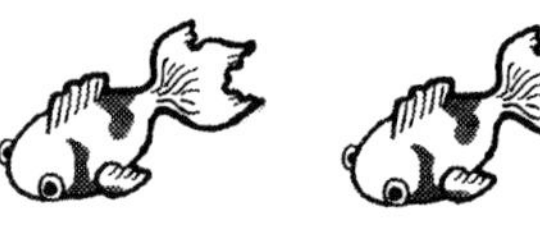

きんぎょが 4 ひき います。

きんぎょを 2 ひき あげました。

のこっている きんぎょは 2 ひきです。

1 えを みて □に かずを かきましょう。

いぬが ① □ ひき います。

いぬが ② □ ぴき さんぽに いきました。

のこっている いぬは ③ □ ひきです。

2 えを みて □に かずを かきましょう。

くるまが ①□だい とまって います。

くるまが ②□だい でて いきました。

のこっている くるまは ③□だいです。

3 えを みて □に かずを かきましょう。

ねこが ①□ひき います。

ねこが ②□びき あそびに いきました。

のこっている ねこは ③□ひきです。

がつ　にち

5までの ひきざん ②

なまえ

☆ トマト(とまと)が ３こ あります。
トマトを １こ とりました。
のこりの トマトは なんこに なりましたか。
えの したに ○を かいて かんがえましょう。

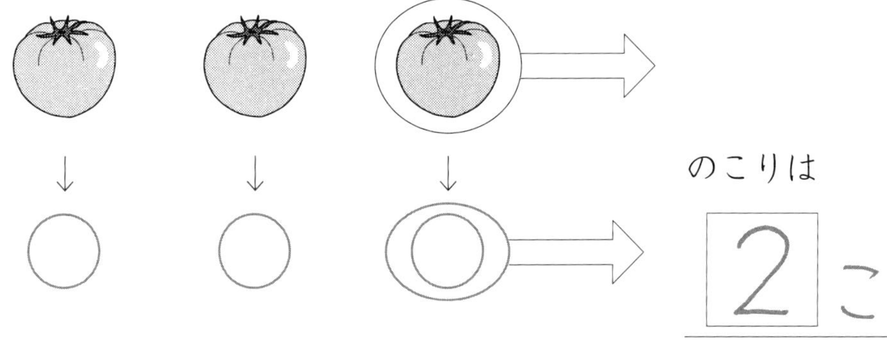

のこりは ２ こ

1 なすが ４こ あります。
なすを １こ とりました。
のこりの なすは なんこに なりましたか。
えの したに ○を かいて かんがえましょう。

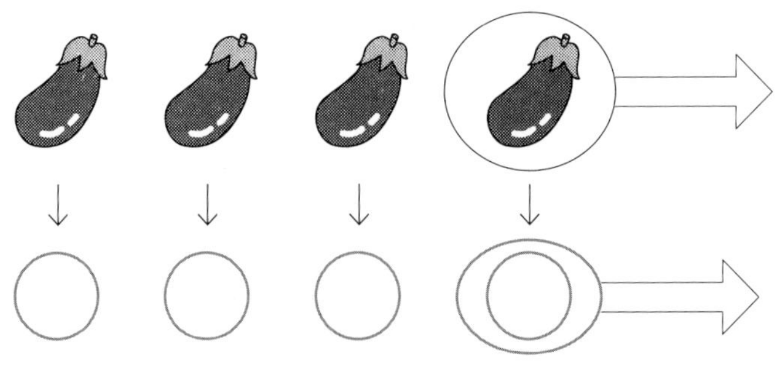

のこりは

こ

2 クッキーが　4まい　あります。
クッキーを　3まい　たべました。
のこりの　クッキーは　なんまいに　なりましたか。
えの　したに　○を　かいて　かんがえましょう。

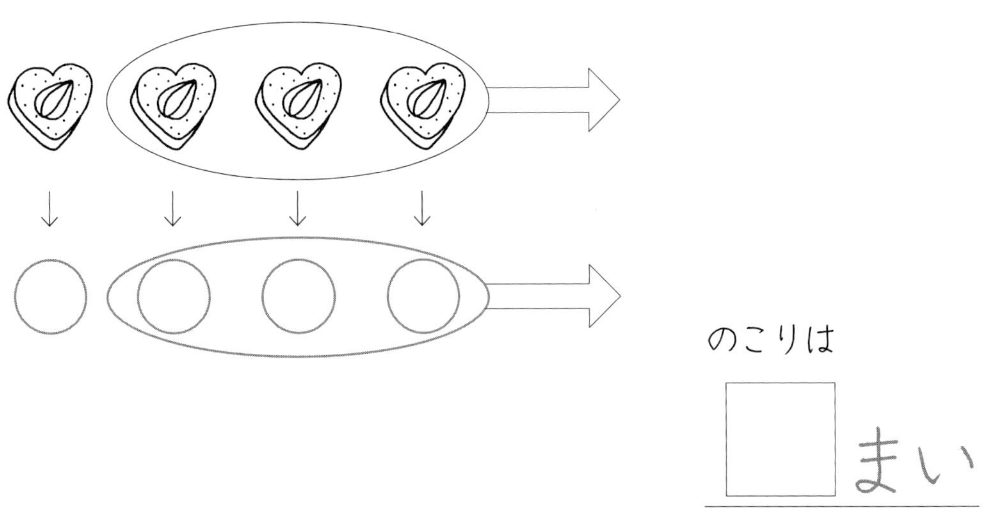

のこりは　□まい

3 いろがみが　3まい　あります。
いろがみを　2まい　つかいました。
のこりの　いろがみは　なんまいに　なりましたか。
えの　したに　○を　かいて　かんがえましょう。

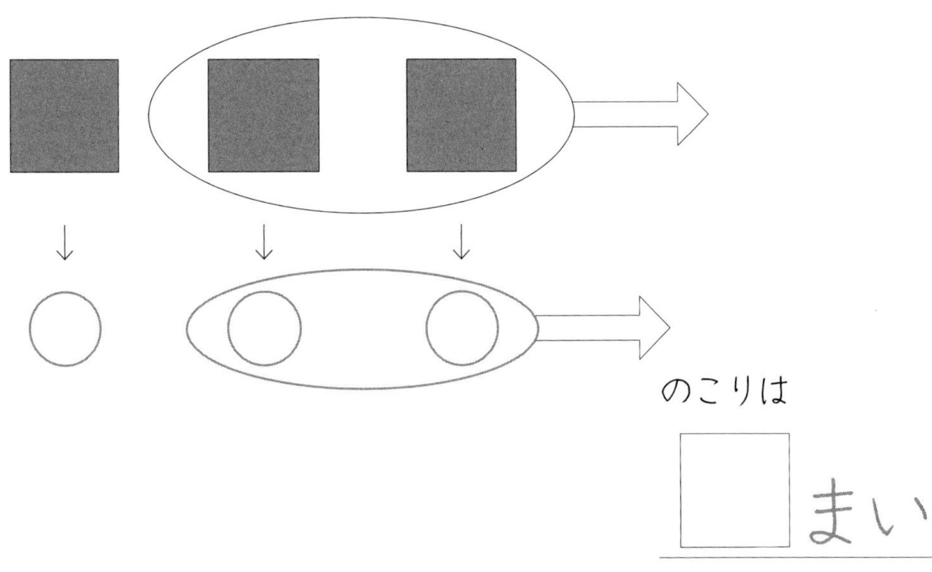

のこりは　□まい

がつ　　にち

5までの ひきざん ③

なまえ

☆ りんごが 4こ あります。（4この ◯）
3こ たべました。（3この ◯を かこむ）
のこりの りんごは なんこに なりましたか。
◯を かいて かんがえましょう。

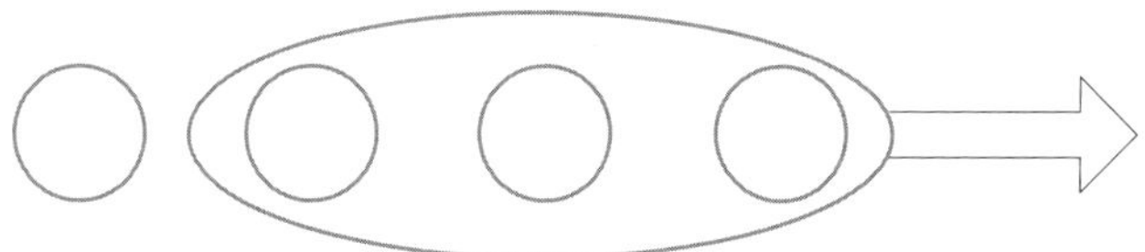

のこりは

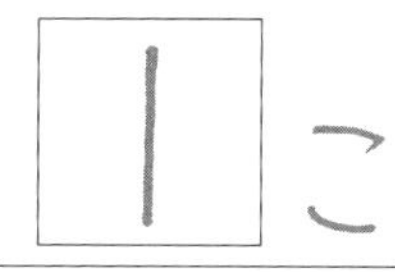

1 すいかが 3こ あります。（3この ◯）
1こ たべました。（1この ◯を かこむ）
のこりの すいかは なんこに なりましたか。

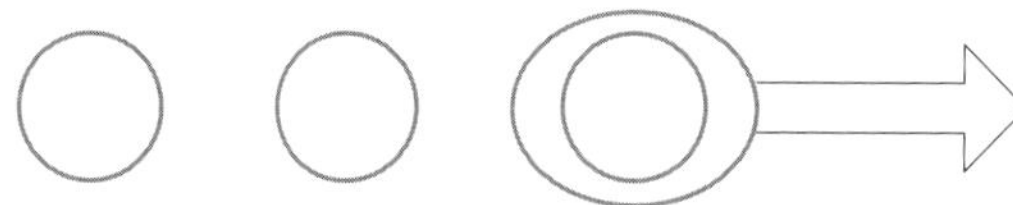

のこりは

2 がようしが　5まい　あります。
2まい　つかいました。
のこりの　がようしは　なんまいに　なりましたか。

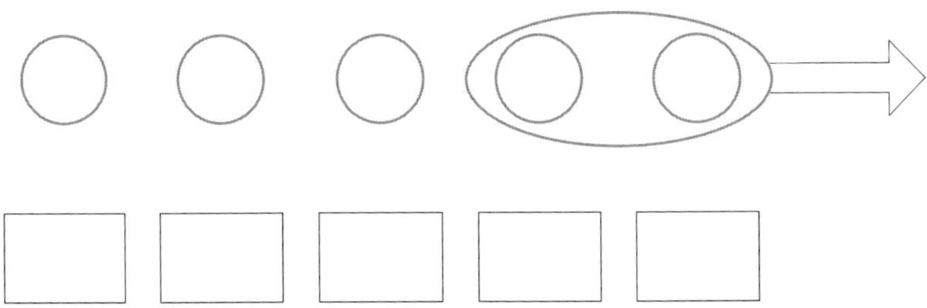

のこりは

□まい

3 すずめが　4わ　います。
2わ　とんで　いきました。
のこりの　すずめは　なんわに　なりましたか。

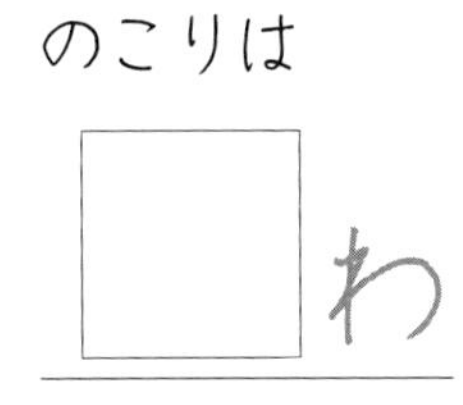

がつ　　にち

5までの ひきざん ④

☆ かさが ３ぼん ありました。
かさを ２ほん かしました。
かさは なんぼん のこって いますか。

しき　3 − 2 = 1

こたえ　1 ぽん

ひきざんの しきを かく
もんだいです

−（ひく）を かきましょう。

−	−	−	−	−	−	−	−	−	−

1 ねこが 4ひき います。
2ひき どこかへ いきました。
ねこは なんびき のこって いますか。

しき □ − □ ＝ □

こたえ □ ひき

2 すずめが 5わ います。
2わ とんで いきました。
すずめは なんわ のこって いますか。

しき □ − □ ＝ □

こたえ □ わ

がつ　にち

5までの　ひきざん　⑤

なまえ

☆　ジャムパンが　３こ　あります。
　メロンパンが　２こ　あります。
　ジャムパンと　メロンパンの　かずの　ちがいは　１こです。

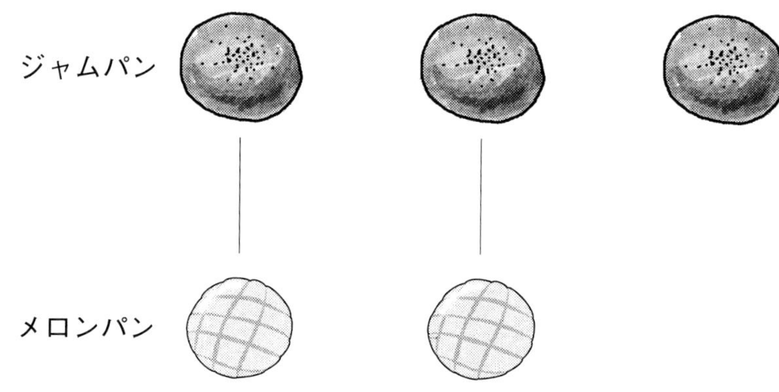

つぎの □ に　かずを　かきましょう。

ジャムパンは　3　こ　あります。

メロンパンは　2　こ　あります。

ジャムパンと　メロンパンの　かずの　ちがいは　1　こです。

ちがいを　かんがえる
もんだいです。

1 ねこが 4ひき います。
いぬが 2ひき います。
ねこと いぬの かずの ちがいは 2ひきです。

つぎの □に かずを かきましょう。

ねこが ①□ひき います。

いぬが ②□ひき います。

ねこと いぬの かずの ちがいは ③□ひきです。

がつ　　にち

5までの ひきざん ⑥

なまえ

☆ えを みて □に かずを かきましょう。

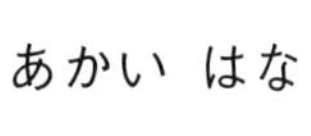

しろい はな

あかい はなは 3 ぼんです。

しろい はなは 1 ぽんです。

あかい はなと しろい はなの かずの ちがいは 2 ほんです。

あかい はなに
いろを ぬってみよう

1 えを みて □に かずを かきましょう。

すいか

メロン

すいかが ①□こ あります。

メロン(めろん)が ②□こ あります。

すいかと メロンの かずの ちがいは ③□こ です。

2 えを みて □に かずを かきましょう。

あかい かみ

しろい かみ

あかい かみが ①□まい あります。

しろい かみが ②□まい あります。

あかい かみと しろい かみの かずの ちがいは ③□まいです。

がつ　にち

5までの ひきざん ⑦

なまえ

☆ えと おなじ かずの ◯を かいて かんがえましょう。

なし
りんご

なしが 4 こ あります。

りんごが 3 こ あります。

なしと りんごの かずの ちがいは 1 こです。

◯（まる）を かくと ちがいが よく わかります。

1 えと おなじ かずの ◯を かいて かんがえましょう。

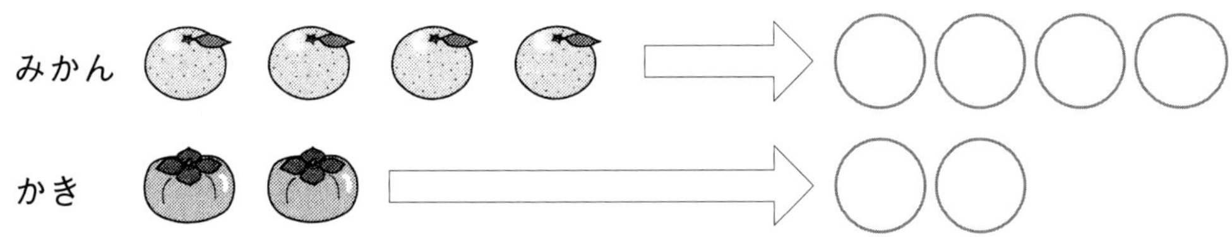

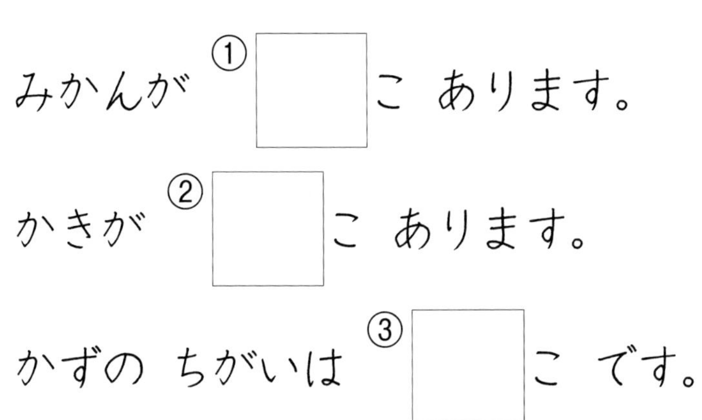

みかんが ① □ こ あります。

かきが ② □ こ あります。

かずの ちがいは ③ □ こ です。

2 えと おなじ かずの ◯を かいて かんがえましょう。

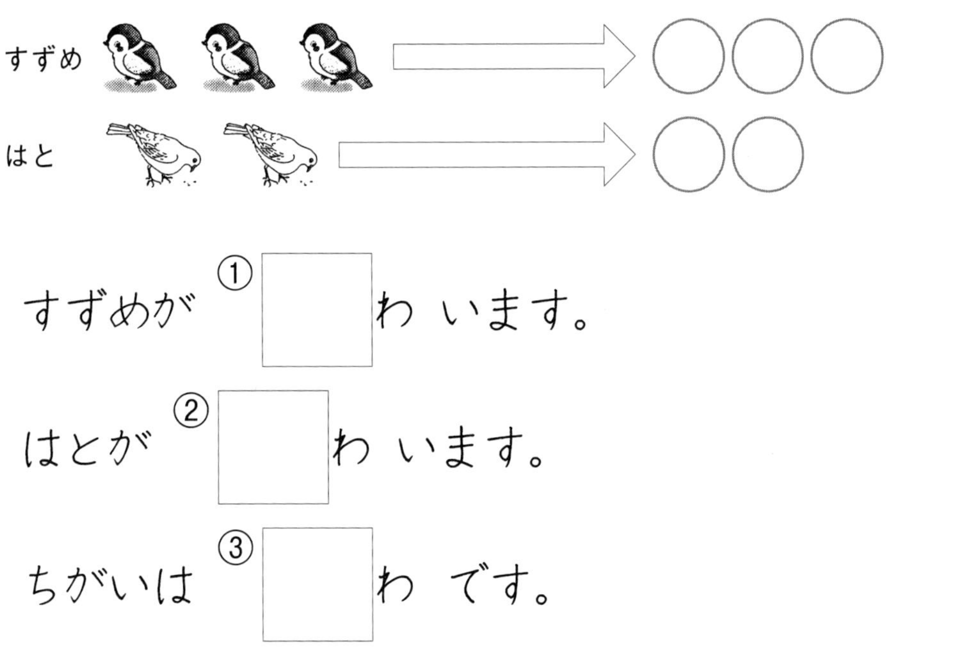

すずめが ① □ わ います。

はとが ② □ わ います。

ちがいは ③ □ わ です。

5までの ひきざん ⑧

なまえ

☆ あかい かみが 4まい あります。(4この ◯)
しろい かみが 3まい あります。(3この ◯)
かずの ちがいは なんまいですか。

◯を かいて かんがえましょう。

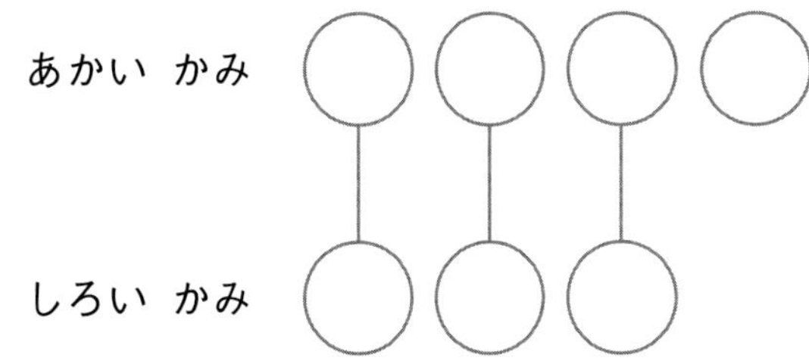

ちがいは

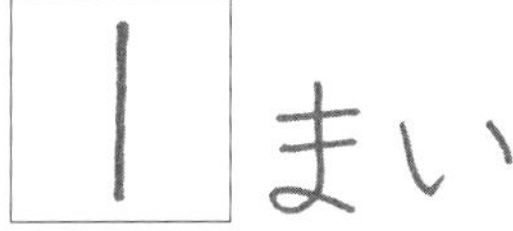

1 あかい はなが 5ほん あります。(5この ◯)
しろい はなが 2ほん あります。(2この ◯)
かずの ちがいは なんぼんですか。

◯を かいて かんがえましょう。

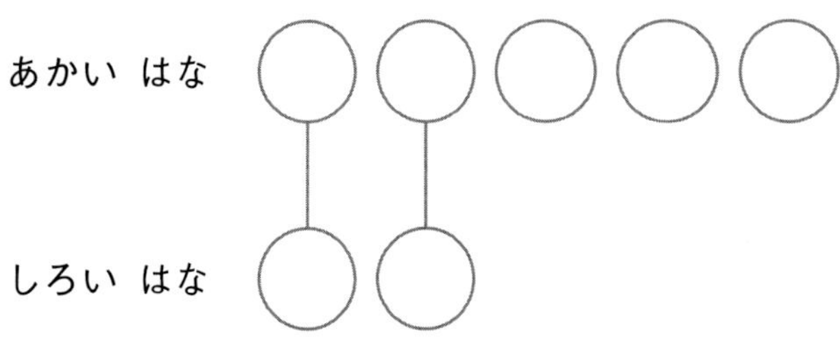

ちがいは

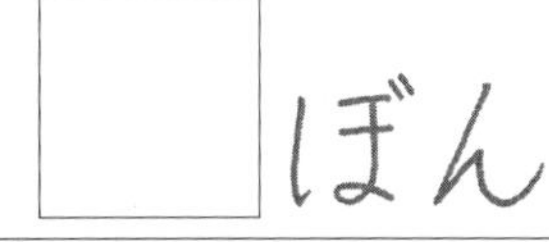

2 あおい くるまが 4だい あります。(4この ◯)
あかい くるまが 2だい あります。(2この ◯)
かずの ちがいは なんだいですか。
◯を かいて かんがえましょう。

あおい くるま ◯◯◯◯

あかい くるま ◯◯

ちがいは
□だい

3 はとが 5わ います。(5この ◯)
すずめが 1わ います。(1この ◯)
かずの ちがいは なんわですか。
◯を かいて かんがえましょう。

はと ◯◯◯◯◯

すずめ ◯

ちがいは
□わ

がつ　　にち

5までの ひきざん ⑨

なまえ

☆ いけに あひるが ２わ います。
かもが １わ います。
かずの ちがいは なんわですか。

しき 2 − 1 ＝ 1

こたえ 1 わ

1 ちょうちょが ４ひき います。
てんとうむしが １ぴき います。
かずの ちがいは なんびきですか。

しき □ − □ ＝ □

こたえ □ びき

2 ねこが 5ひき います。
いぬが 4ひき います。
かずの ちがいは なんびきですか。

3 とんぼが 3びき います。
バッタが 2ひき います。
かずの ちがいは なんびきですか。

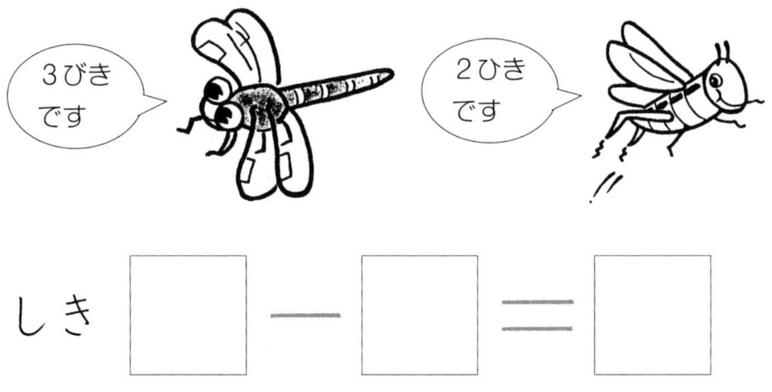

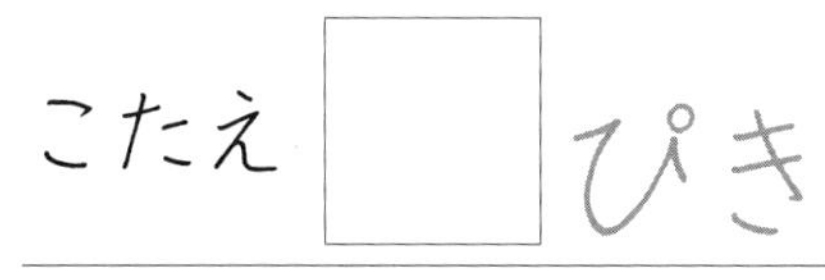

まとめ

5までの ひきざん

がつ　にち　てん

なまえ

1 おりがみが 3まい あります。
おりがみを 1まい つかいました。
のこりは なんまい ありますか。

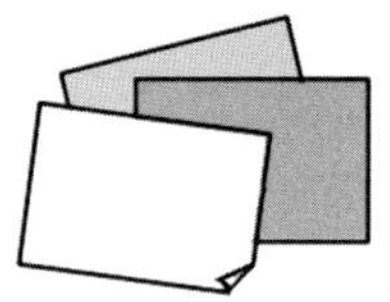

（しき 15てん，こたえ 10てん）

しき □ − □ ＝ □

こたえ □ まい

2 クッキー（くっきい）を 4まい もらいました。
クッキーを 1まい たべました。
のこりは なんまい ありますか。

（しき 15てん，こたえ 10てん）

しき □ − □ ＝ □

こたえ □ まい

3 しろい はなが 4ほん あります。
あかい はなが 3ほん あります。
ちがいは なんぼんですか。　（しき　15てん，こたえ　10てん）

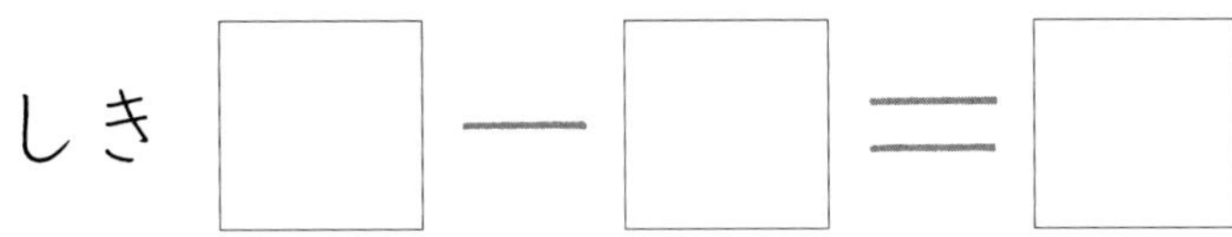

4 きつねが 2ひき います。
たぬきが 5ひき います。
ちがいは なんびきですか。　（しき　15てん，こたえ　10てん）

しき □ － □ ＝ □

こたえ □ びき

がつ　にち

9までの たしざん ①

なまえ

☆ あかい りんごが ４こ あります。
あおい りんごが ２こ あります。
りんごは ぜんぶで なんこ ありますか。

えの かずだけ ○を かいて かんがえましょう。

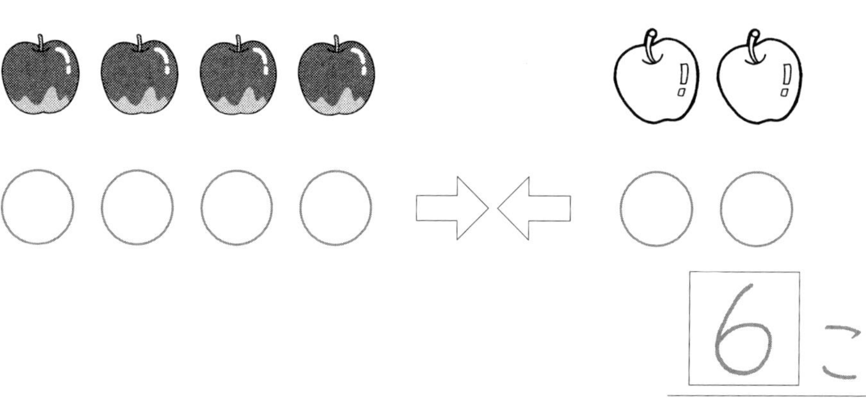

6 こ

1 おおきい くりが ３こ あります。
ちいさい くりが ４こ あります。
くりは ぜんぶで なんこありますか。

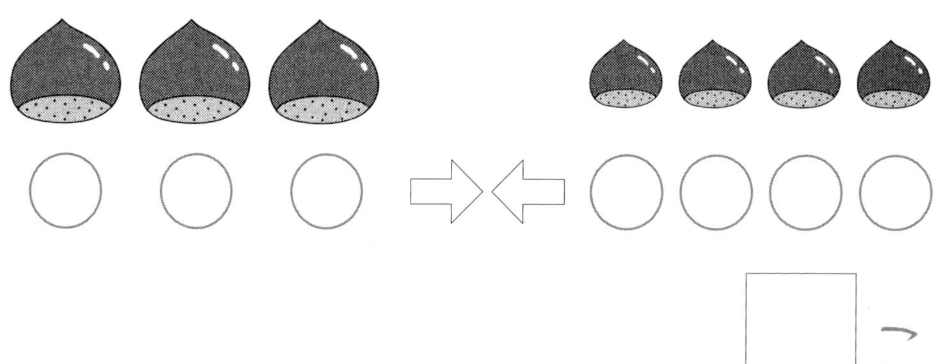

□ こ

2 さんすうの ノート(のおと)が 3さつ あります。
こくごの ノートが 3さつ あります。
ノートは ぜんぶで なんさつ ありますか。

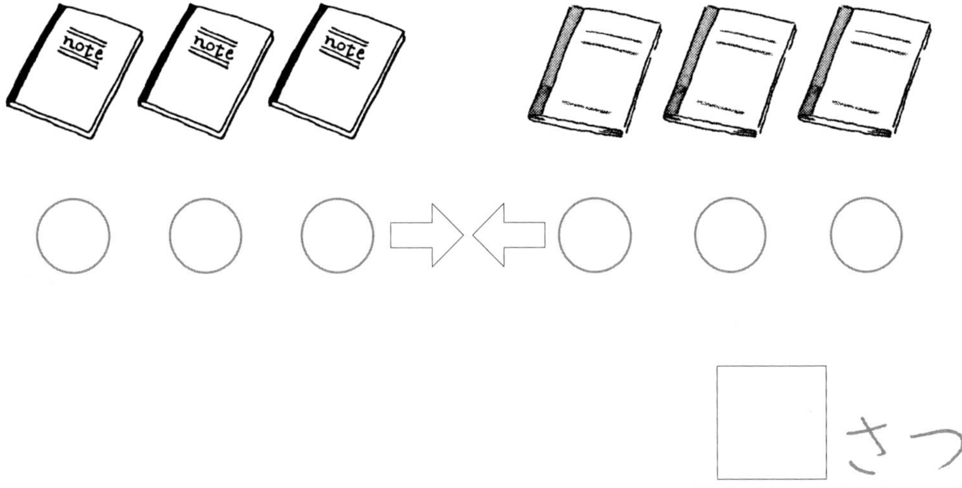

3 にわとりが 6わ います。
ひよこが 1わ います。
ぜんぶで なんわ いますか。

9までの たしざん ②

がつ　　にち 

なまえ

☆ こどもが 5にん います。（5この ◯）
おとなが 4にん います。（4この ◯）
みんなで なんにん いますか。

◯を かいて かんがえましょう。

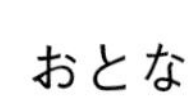

◯◯◯◯◯ ⇨⇦ ◯◯◯◯

しき 5 ＋ 4 ＝ 9

こたえ 9 にん

1 かえるが 4ひき います。（4この ◯）
オタマジャクシ（おたまじゃくし）が 4ひき います。（4この ◯）
ぜんぶで なんびき いますか。

かえる　　オタマジャクシ

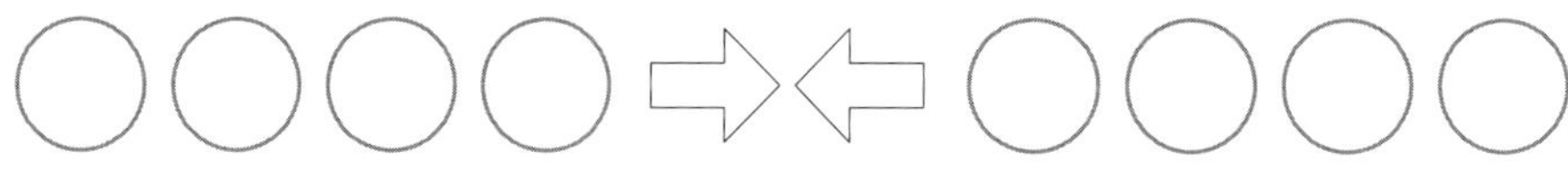

しき 4 ＋ 4 ＝ ☐

こたえ ☐ ひき

2 ひつじが 8とう います。(8この ○)
やぎが 1とう います。(1この ○)
ぜんぶで なんとう いますか。

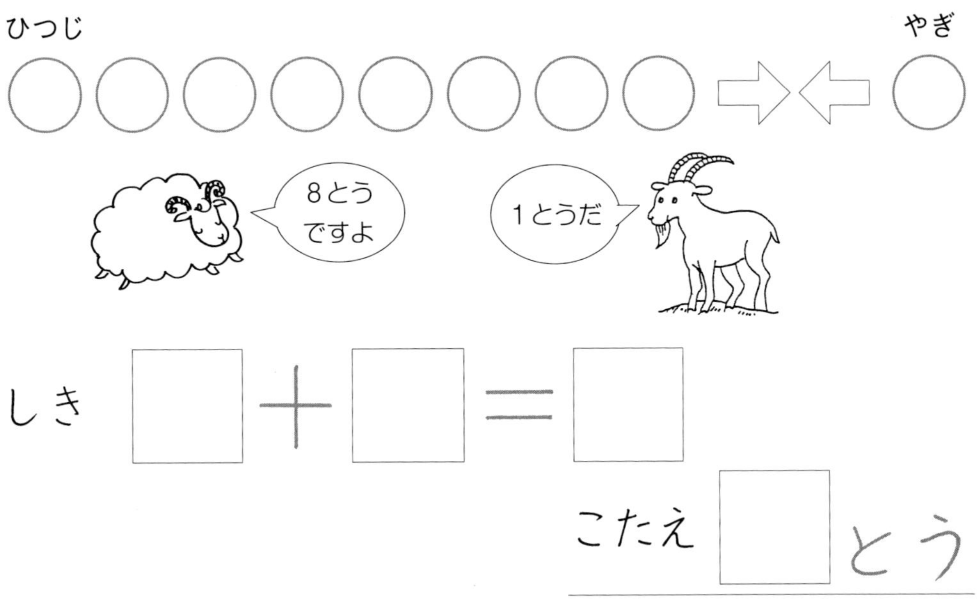

3 あおい はなが 2ほん さいて います。(2この ○)
しろい はなが 6ぽん さいて います。(6この ○)
はなは ぜんぶで なんぼん さいていますか。

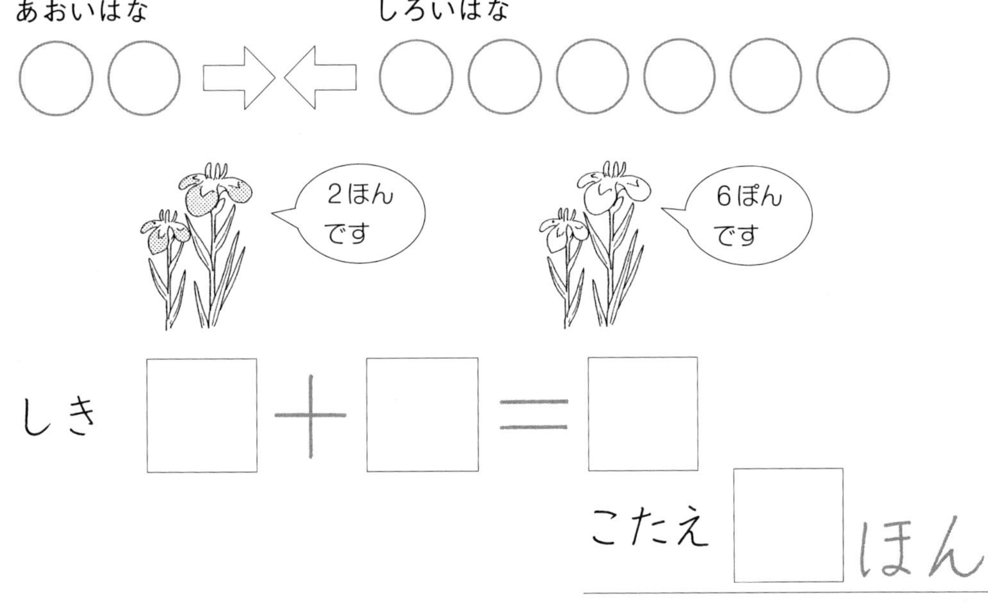

がつ　にち

9までの たしざん ③

なまえ

☆ しろい うさぎが 5ひき います。
くろい うさぎが 1ぴき います。
うさぎは ぜんぶで なんびき いますか。

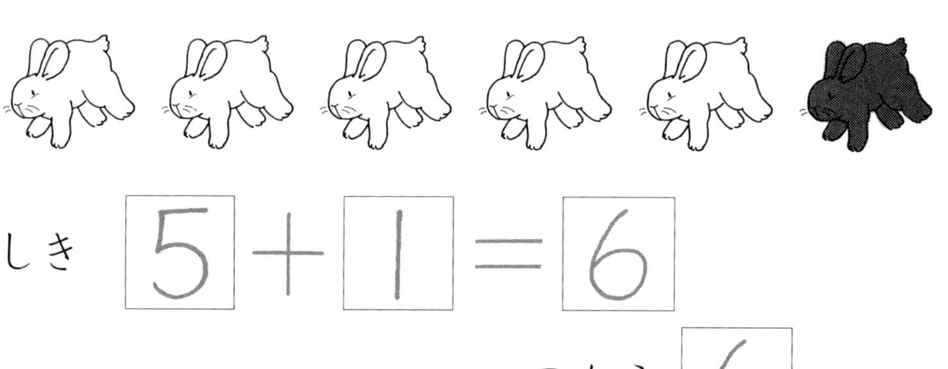

しき 5＋1＝6

こたえ 6ぴき

1 オレンジジュースが 5ほん あります。
アップルジュースが 2ほん あります。
ジュースは ぜんぶで なんぼん ありますか。

しき 5＋2＝□

こたえ □ほん

2 あかい あさがおが 2こ さいて います。
あおい あさがおが 5こ さいて います。
あさがおは ぜんぶで なんこ さいて いますか。

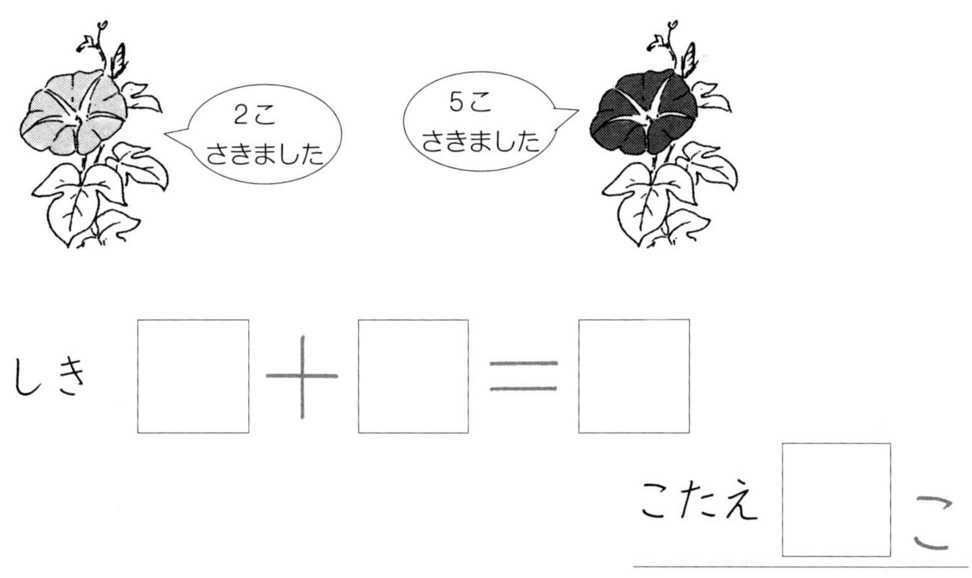

しき □＋□＝□

こたえ □こ

3 あんパン(ぱん)が 6こ あります。
クリームパン(くりいむぱん)が 2こ あります。
パンは ぜんぶで なんこ ありますか。

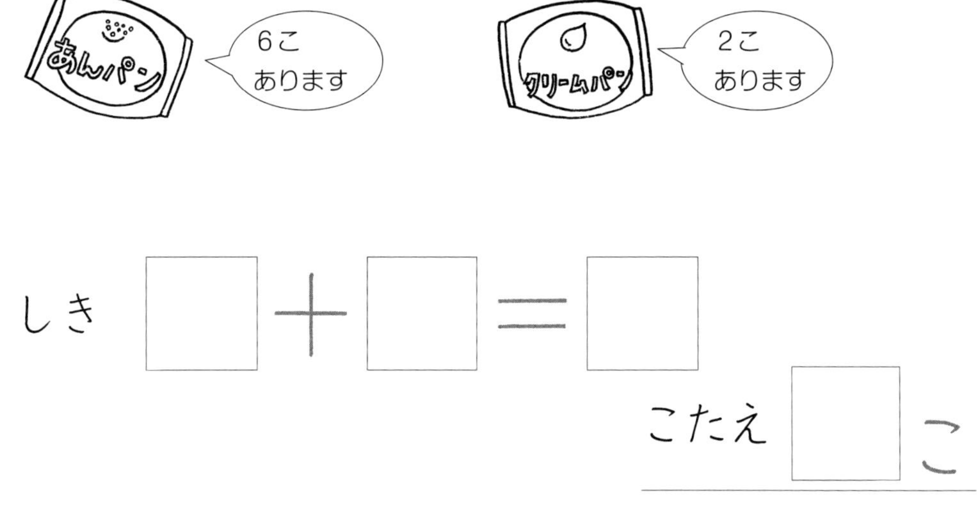

しき □＋□＝□

こたえ □こ

がつ　　にち

9までの たしざん ④

☆　すいそうに　きんぎょが　4ひき　います。
そこへ　きんぎょを　3びき　いれました。
きんぎょは　あわせて　なんびきに　なりましたか。

○を　かいて　かんがえましょう。

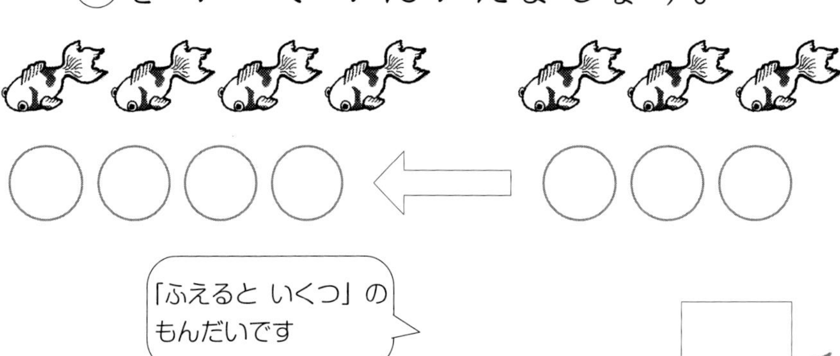

ひき

1　いけに　あひるが　2わ　います。
そこへ　あひるが　4わ　きました。
あひるは　あわせて　なんわに　なりましたか。

2 すなばに こどもが 5にん います。
そこへ 3にん きました。
こどもは みんなで なんにんに なりましたか。

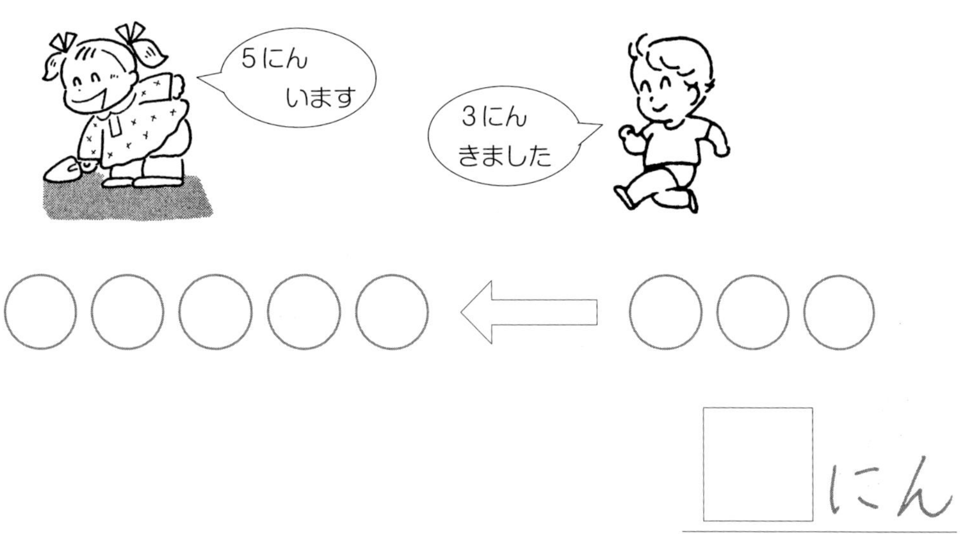

3 はこに ケーキ(けえき)が 6こ あります。
そこへ ケーキを 3こ いれました。
ケーキは あわせて なんこに なりましたか。

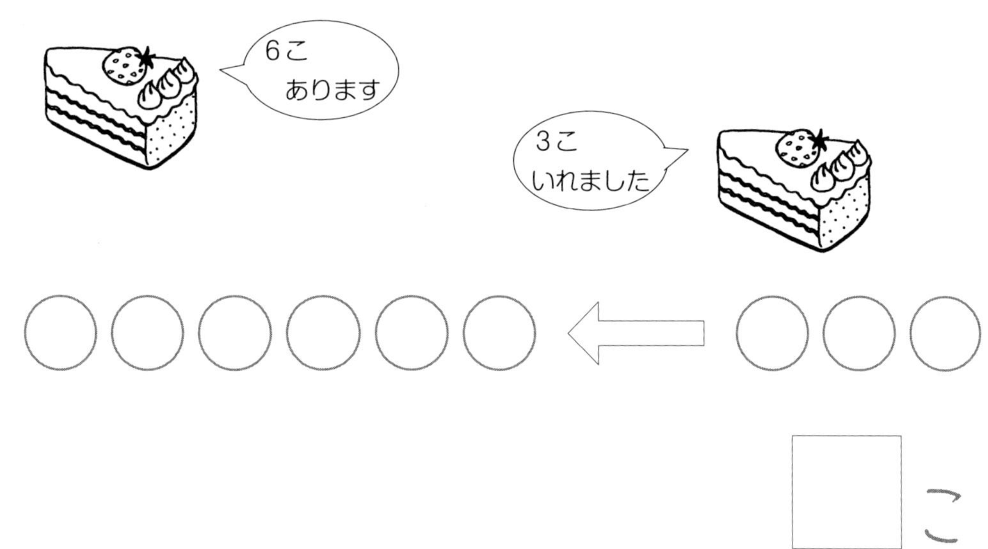

9までの たしざん ⑤

なまえ

☆ すいそうに きんぎょが 1ぴき います。（1この ◯）
きんぎょを 7ひき いれました。（7この ◯）
きんぎょは あわせて なんびきに なりましたか。◯を かいて かんがえましょう。

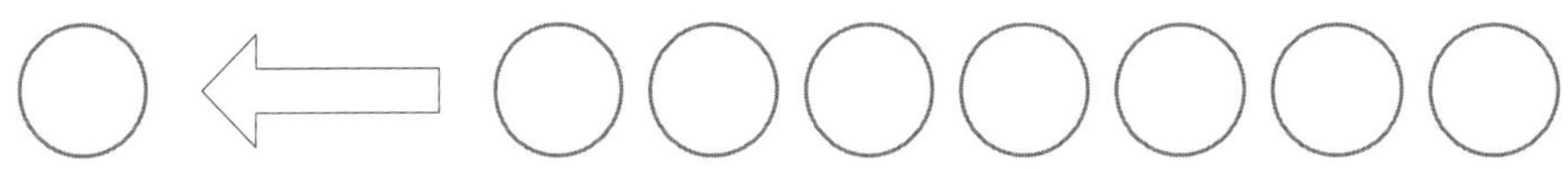

しき 1 ＋ 7 ＝ 8

こたえ 8 ひき

1 ひろばに くるまが 3だい とまって います。
そこへ くるまが 3だい はいって きました。
くるまは あわせて なんだいに なりましたか。

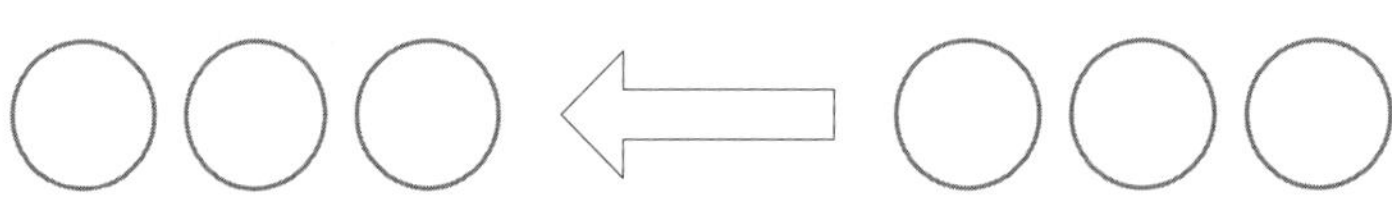

しき 3 ＋ 3 ＝ □

こたえ □ だい

2 こうえんに こどもが 4にん います。
そこへ こどもが 5にん きました。
こどもは みんなで なんにんに なりましたか。

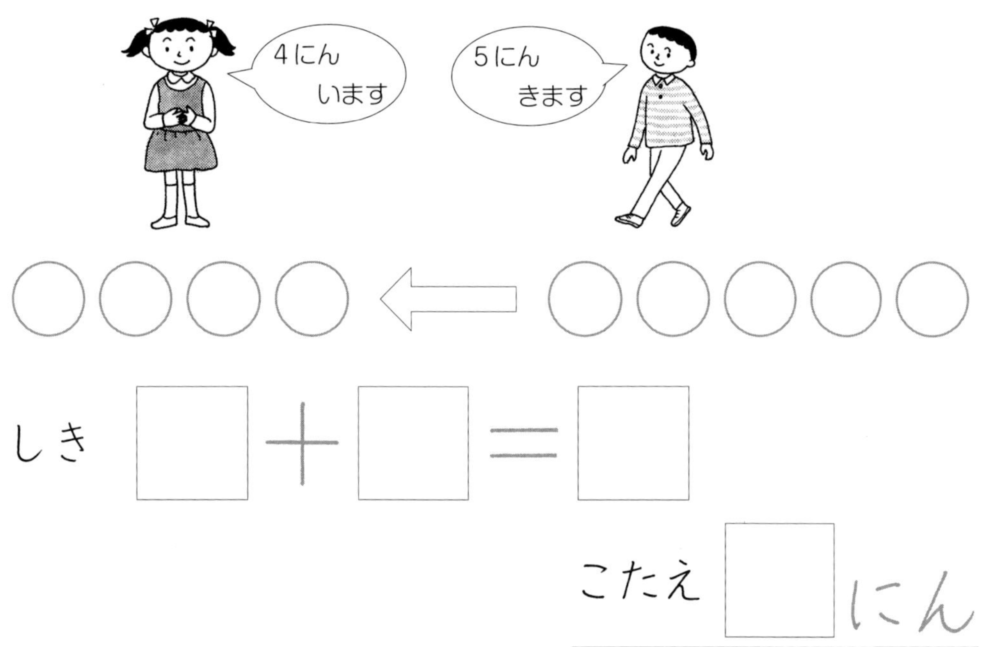

しき □ ＋ □ ＝ □

こたえ □ にん

3 かごに くりが 3こ はいって います。
そこへ くりを 5こ いれました。
くりは あわせて なんこに なりましたか。

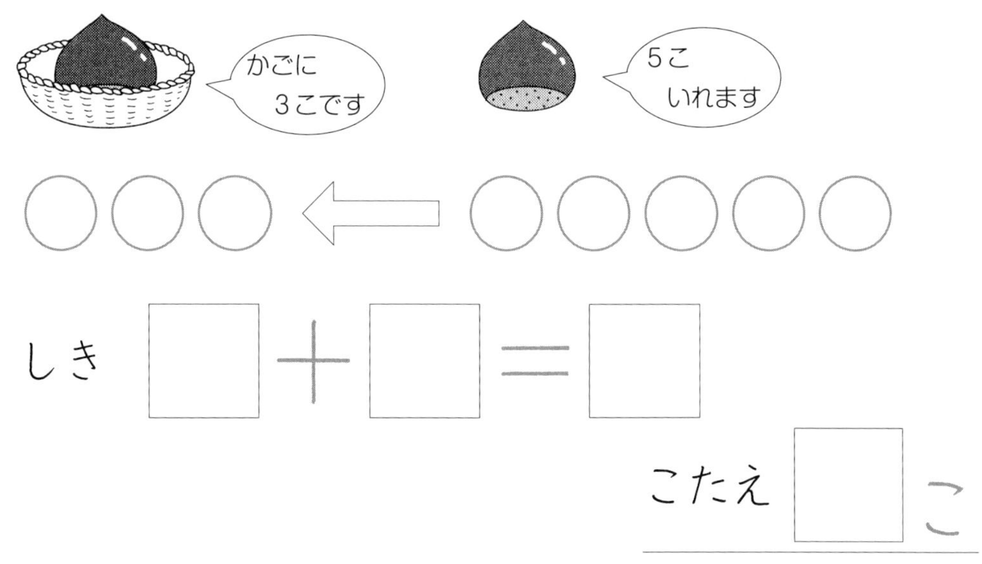

しき □ ＋ □ ＝ □

こたえ □ こ

がつ　にち

9までの　たしざん ⑥

☆　ほんだなに　ほんが　７さつ　あります。
そこへ　もう　２さつ　いれました。
ほんは　あわせて　なんさつですか。

○と●をみて
かんがえよう

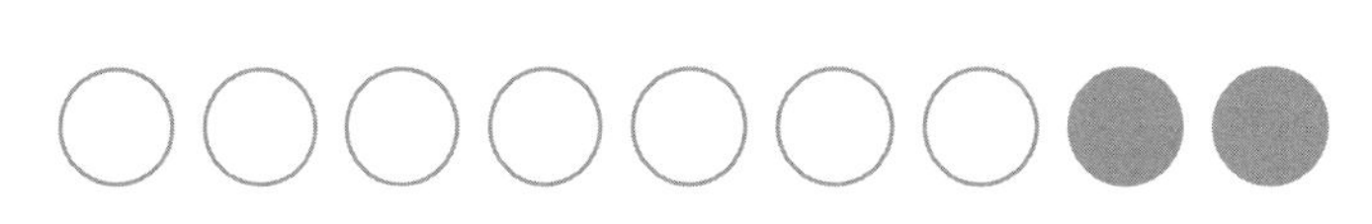

しき　7 ＋ 2 ＝ 9

こたえ　9 さつ

1　がっこうに　くるまが　３だい　とまっています。
そこへ　くるまが　５だい　きました。
くるまは　あわせて　なんだいですか。

しき　3 ＋ 5 ＝ □

こたえ　□ だい

② すずめが　2わ　えさを　たべています。
そこへ　すずめが　7わ　きました。
すずめは　あわせて　なんわですか。

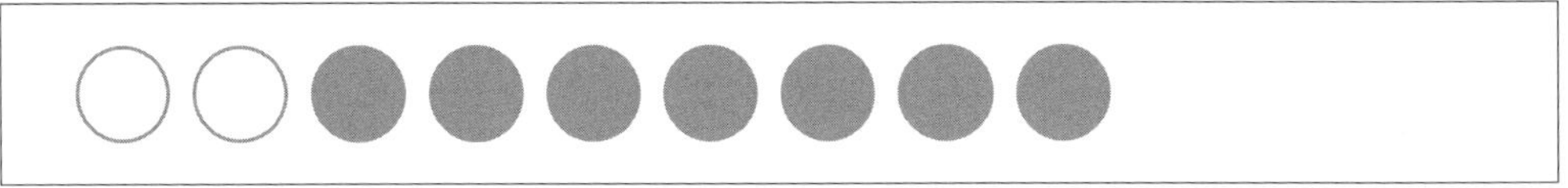

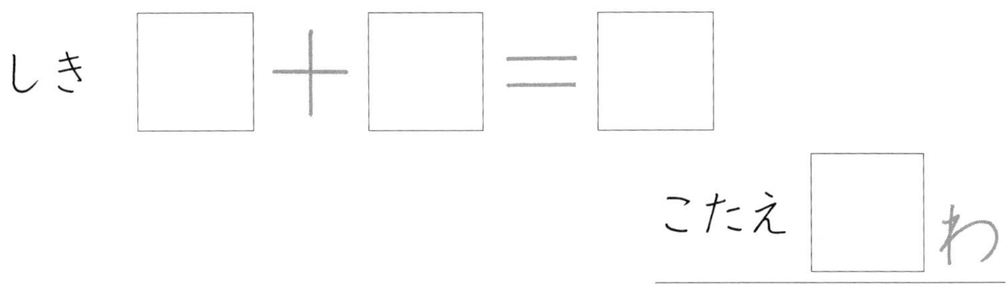

しき　□＋□＝□

こたえ　□わ

③ はなの　ずかんが　8さつ　あります。
はなの　ずかんを　もう　1さつ　かいました。
はなの　ずかんは　あわせて　なんさつですか。

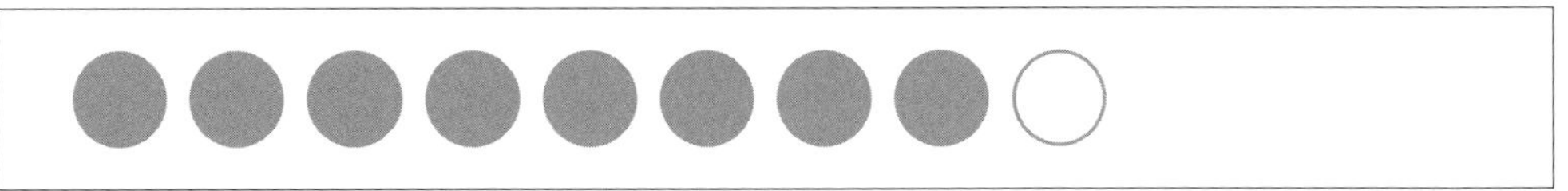

しき　□＋□＝□

こたえ　□さつ

まとめ

9までの たしざん

がつ　にち　てん

なまえ

1 わたしは おはじきを 3こ もって います。
いもうとは おはじきを 4こ もって います。
おはじきは、あわせて なんこ ありますか。

（しき　15てん，こたえ　10てん）

しき
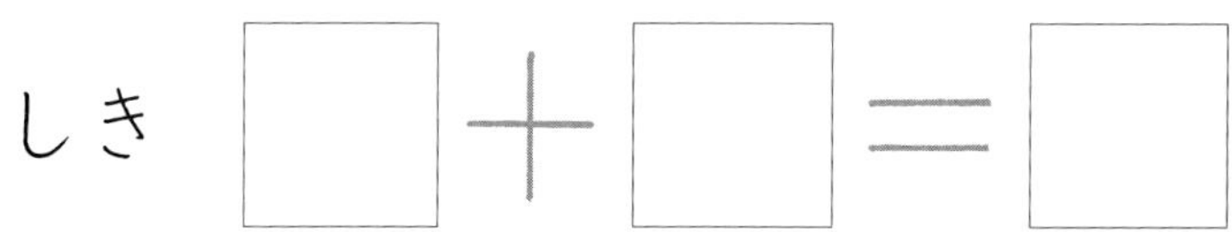

こたえ □ こ

2 しろい たまごが 3こ あります。
あかい たまごが 3こ あります。
たまごは、あわせて なんこ ありますか。

（しき　15てん，こたえ　10てん）

しき □＋□＝□

こたえ □ こ

3 かびんに はなが 5ほん あります。
あとから、かびんに 2ほん いれると、なんぼん に なりますか。　（しき　15てん，こたえ　10てん）

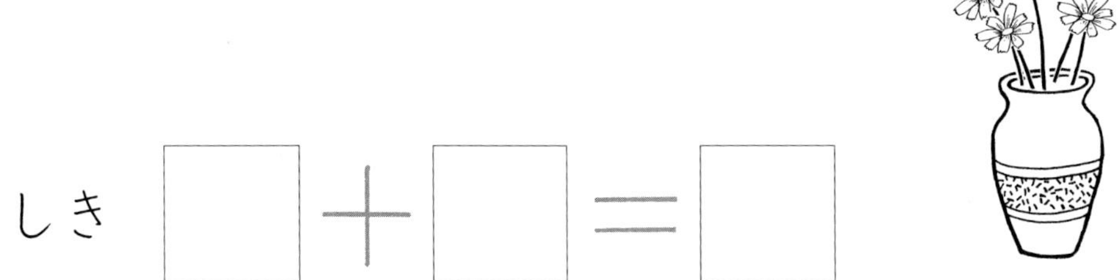

4 かごに ボール（ぼおる）が 6こ はいって います。
あとから 3こ いれると ボールは なんこに なりましたか。　（しき　15てん，こたえ　10てん）

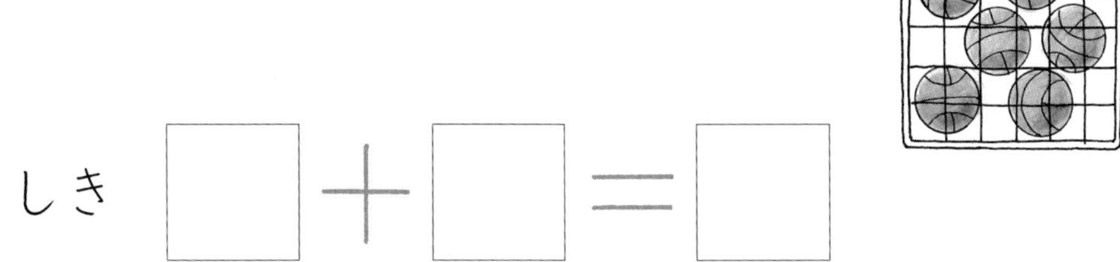

9までの　ひきざん1　①

なまえ

☆　チョコレート(ちょこれいと)が　6こ　あります。
　1こ　たべると、のこりの　チョコレート
は　なんこに　なりましたか。
　◯を　かいて　かんがえましょう。

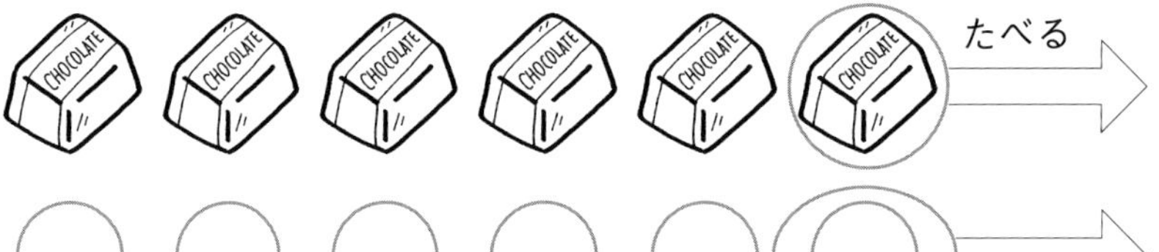

へる　もんだいです。
かぞえる　かずが
おおきく　なりますよ。

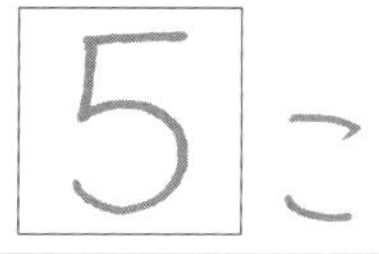

1　いろがみが　7まい　あります。
　4まい　つかうと、のこりの　いろがみは　なんま
いに　なりましたか。

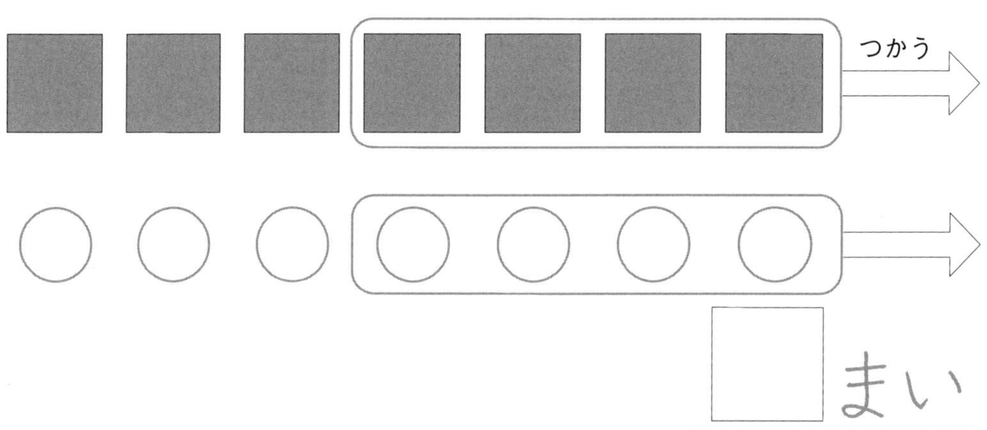

2 クッキーを 6まい もらいました。
2まい たべました。
のこりの クッキーは なんまいに なりましたか。

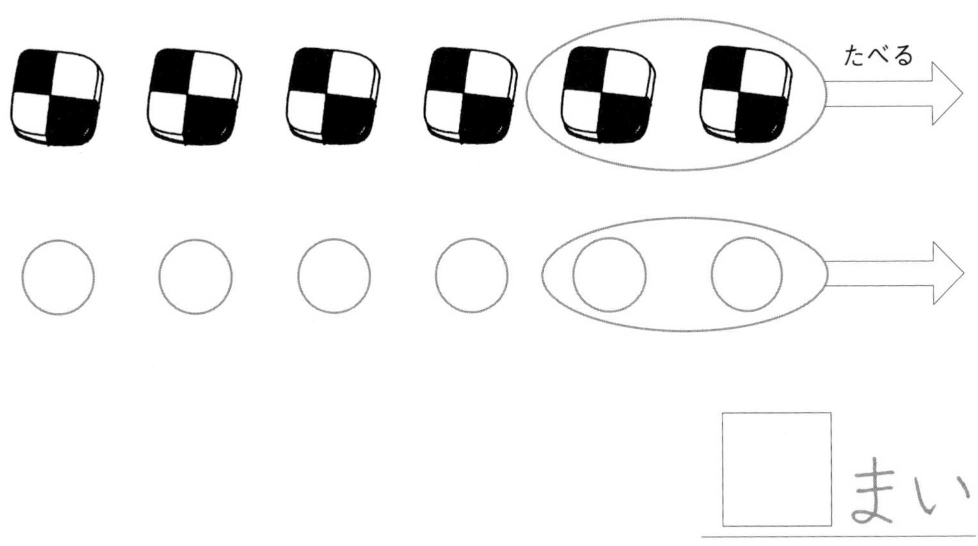

□まい

3 いけに きんぎょが 7ひき います。
あみで 3びき すくいました。
いけの きんぎょは なんびきに なりましたか。

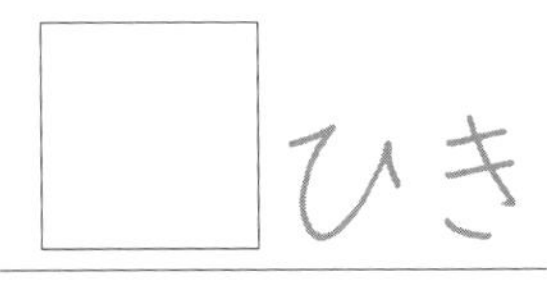

がつ　　にち

9までの ひきざん1 ②

なまえ

☆ かしわもちが 9こ あります。(9この ◯)
3こ たべました。(3この ◯を かこむ)
のこりは なんこに なりましたか。
◯を かいて かんがえましょう。

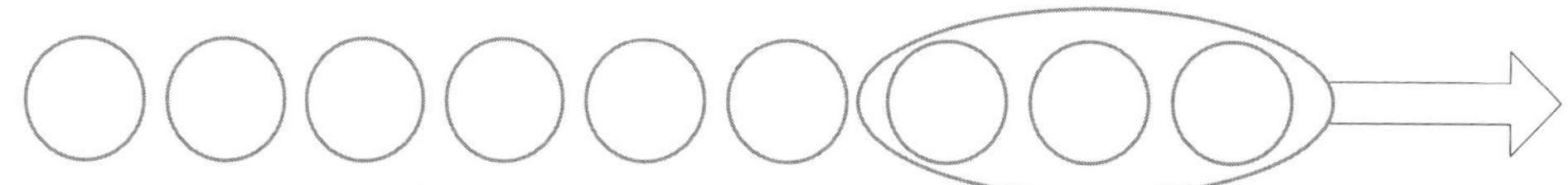

6 こ

1 さくらもちが 7こ あります。(7この ◯)
3こ たべました。(3この ◯を かこむ)
のこりは なんこに なりましたか。

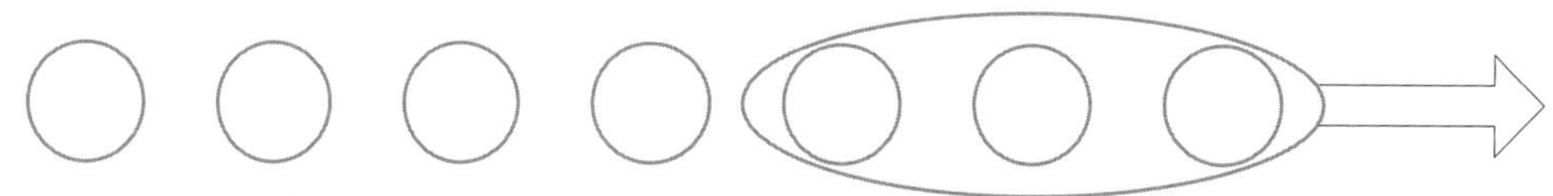

こ

2 こうえんで こどもが 6にん あそんで います。（6この ○）
3にん かえりました。（3この ○を かこむ）
のこりは なんにんに なりましたか。

□にん

3 えほんを 9さつ もって います。（9この ○）
ともだちに 5さつ かしました。（5この ○を かこむ）
のこりは なんさつに なりましたか。

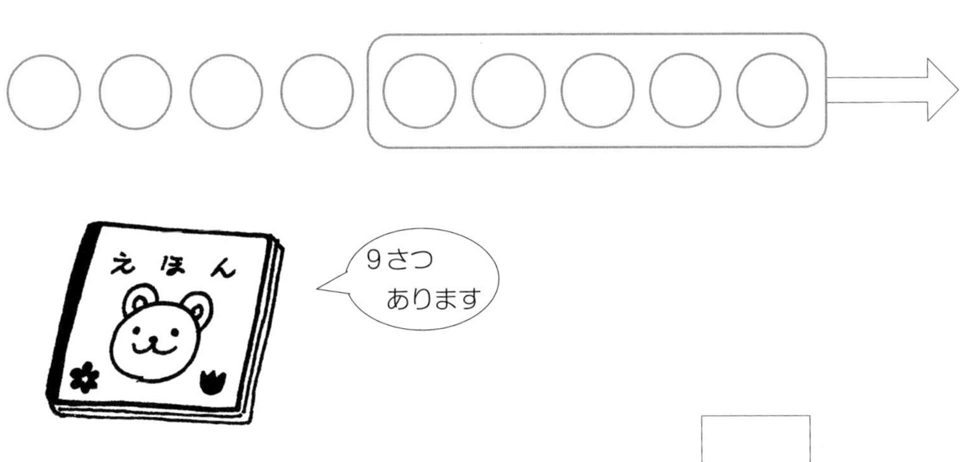

□さつ

がつ　にち

9までの ひきざん1 ③

なまえ

☆ こどもが 8にん あそんで います。
　3にん かえると、のこりは なんにんに なりますか。

あそんでる こ　かえった こ　のこりの こ

しき 8 − 3 ＝ 5

こたえ 5 にん

1 さらに いちごが 9こ あります。
2こ たべると、のこりは なんこに なりますか。

さらの いちご　たべた いちご　のこりの いちご

しき 9 − □ ＝ □

こたえ □ こ

2 やねに はとが 6わ います。

3わ とんでいくと、のこりは なんわに なりますか。

やねの はと　とんだ はと　のこりの はと

しき □ － □ ＝ □

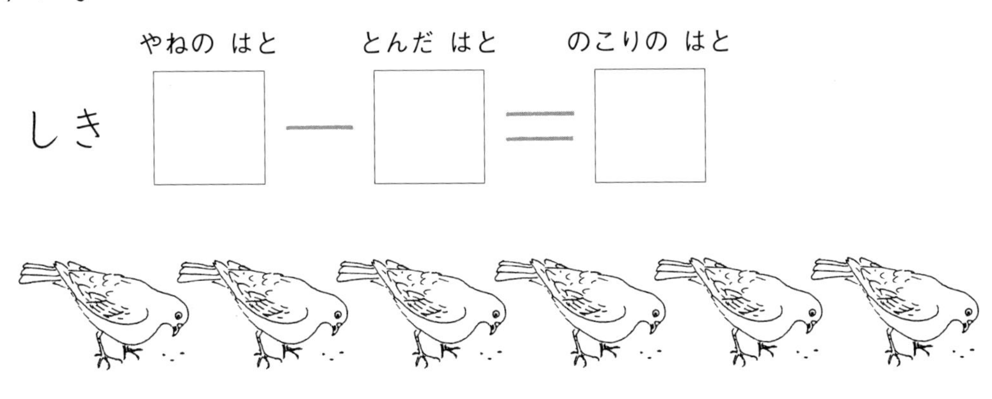

こたえ □ わ

3 かびんに ひまわりが 7ほん あります。

2ほん とると、のこりは なんぼんに なりますか。

かびんの ひまわり　とった ひまわり　のこりの ひまわり

しき □ － □ ＝ □

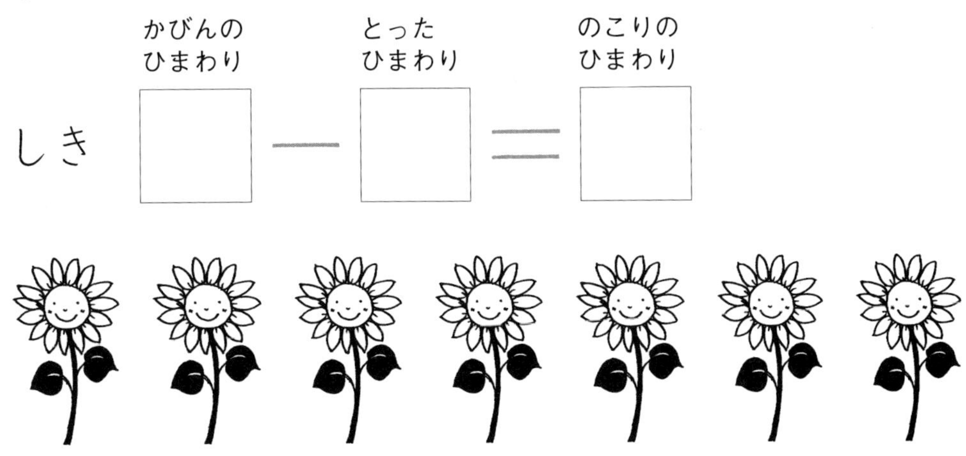

こたえ □ ほん

9までの ひきざん１ ④

なまえ

☆ えの かずだけ ○を かいて かんがえましょう。
いぬが 6ぴき います。
ねこが 4ひき います。
かずの ちがいは なんびきですか。

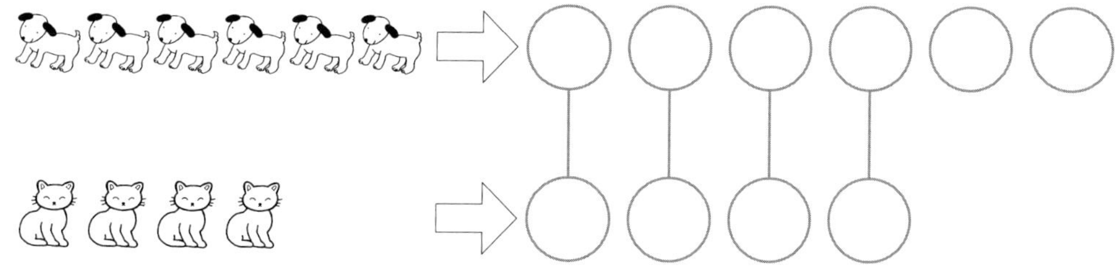

ちがいを かんがえる もんだいです

2 ひき

1 しろい かさが 7ほん あります。
あかい かさが 2ほん あります。
かずの ちがいは なんぼんですか。

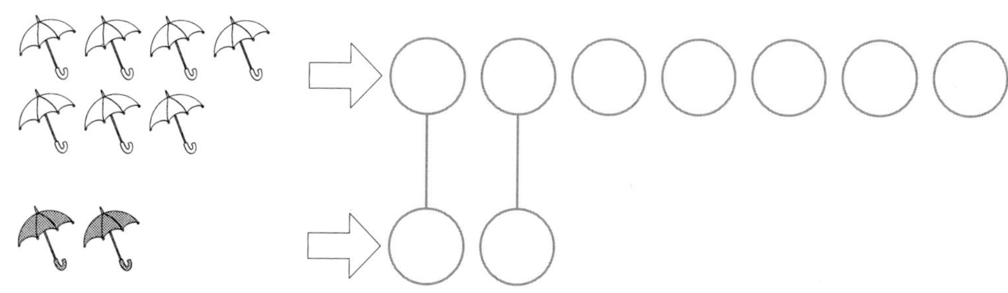

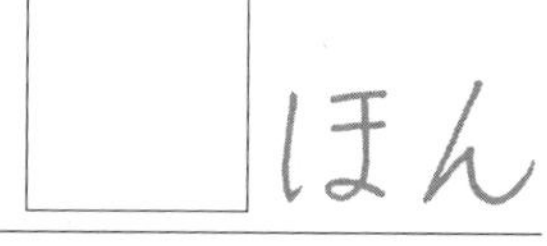

2 すずめが 7わ います。
はとが 1わ います。
かずの ちがいは なんわですか。

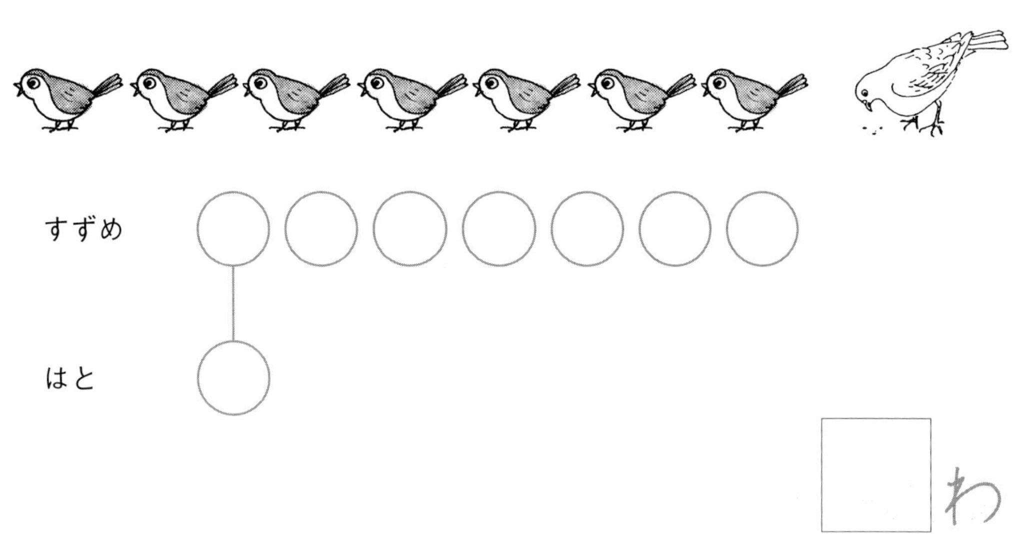

□わ

3 あかい ばらが 5こ さきました。
しろい ばらが 8こ さきました。
かずの ちがいは なんこですか。

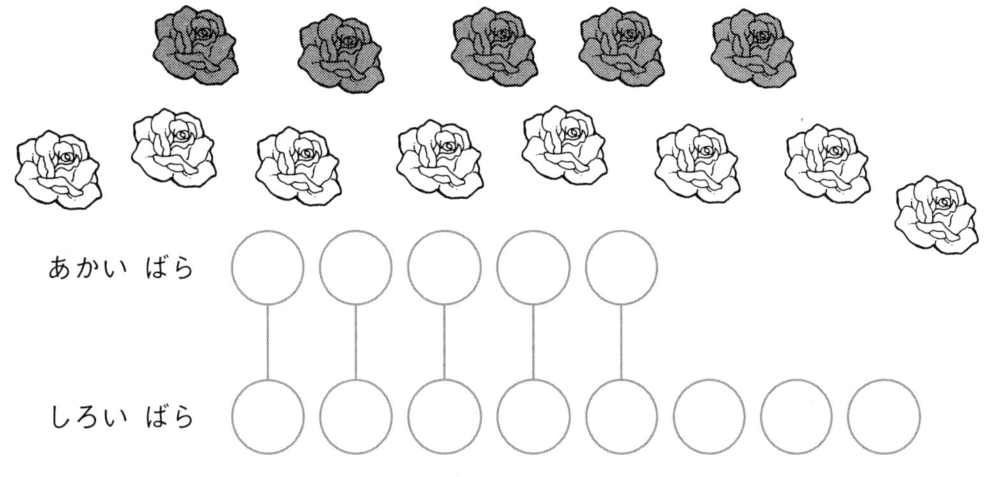

□こ

9までの ひきざん１ ⑤

がつ　　にち

なまえ

☆ いぬが 9ひき います。（9この ◯）
ねこが 5ひき います。（5この ◯）
かずの ちがいは なんびきですか。
◯を かいて かんがえましょう。

いぬ

ねこ

4 ひき

1 きつねが 5ひき います。（5この ◯）
たぬきが 6ぴき います。（6この ◯）
かずの ちがいは なんびきですか。

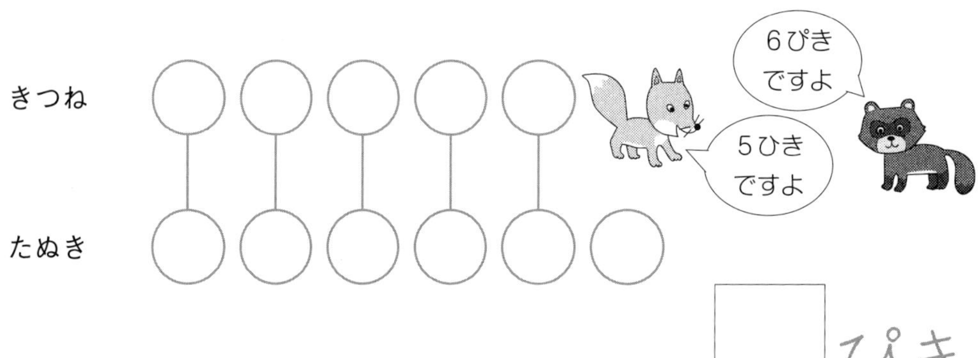

□ ぴき

② みかんが 8こ あります。(8この ◯)
りんごが 5こ あります。(5この ◯)
かずの ちがいは なんこですか。

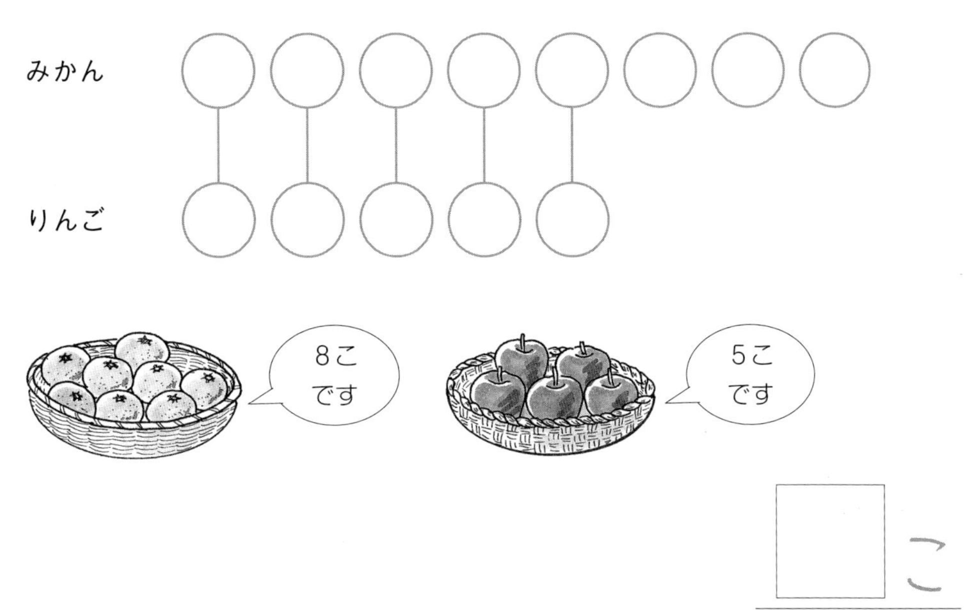

□こ

③ 1ねんせいが 4にん います。(4この ◯)
2ねんせいが 7にん います。(7この ◯)
かずの ちがいは なんにんですか。

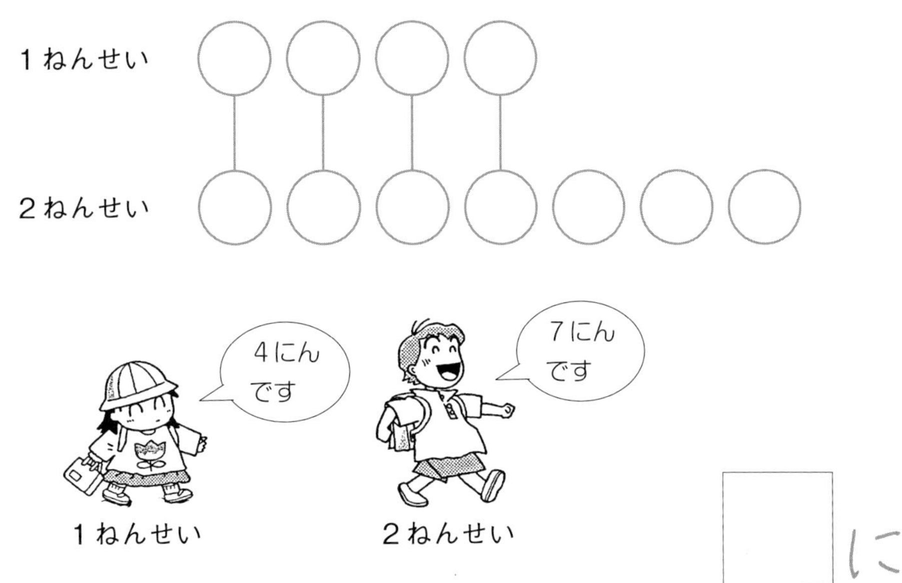

□にん

がつ　　にち

9までの ひきざん1 ⑥

なまえ

☆　1ねんせいが 7にん います。
6ねんせいが 3にん います。
かずの ちがいは なんにん ですか。

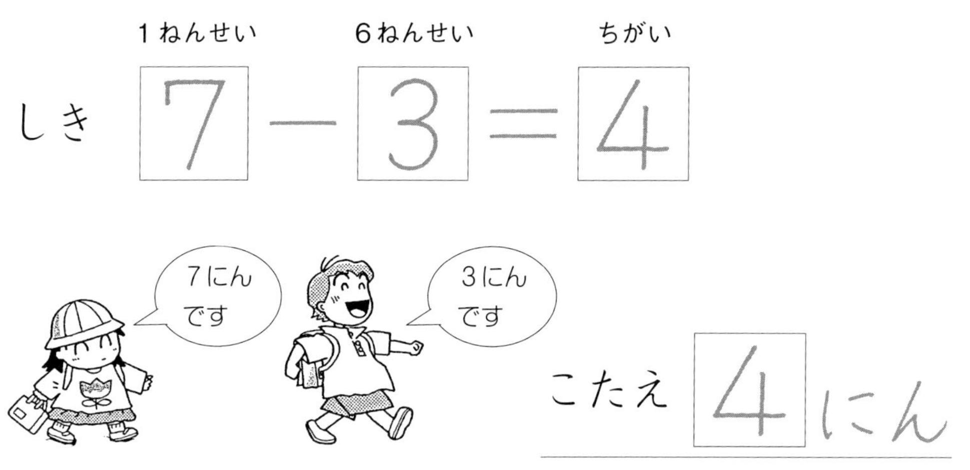

1　あまがえるが 9ひき います。
とのさまがえるが 5ひき います。
かずの ちがいは なんびきですか。

2 かもが 6わ います。
あひるが 4わ います。
かずの ちがいは なんわですか。

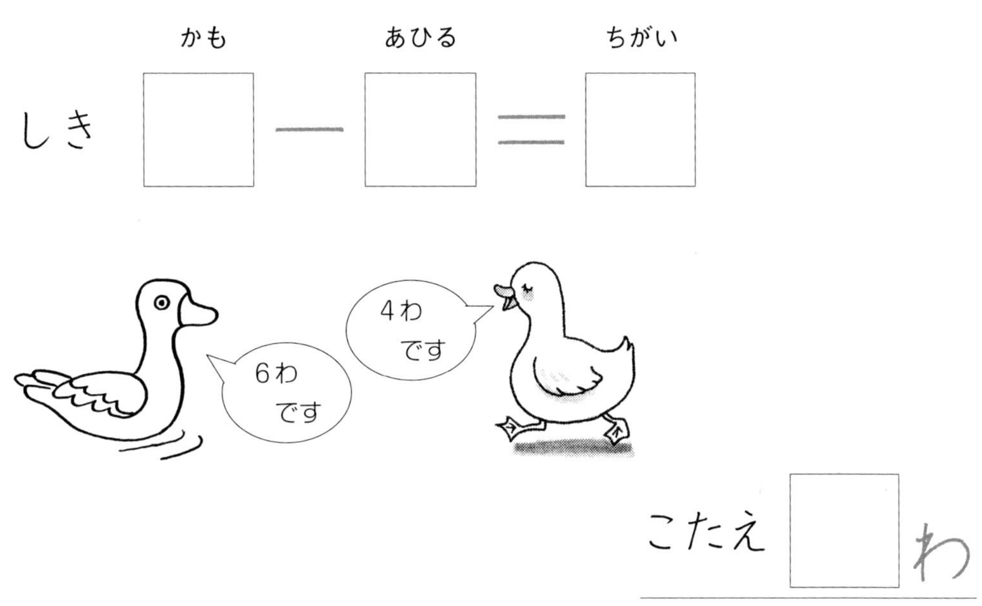

3 ボールペン（ぼおるぺん）が 9ほん あります。
えんぴつが 8ほん あります。
かずの ちがいは なんぼんですか。

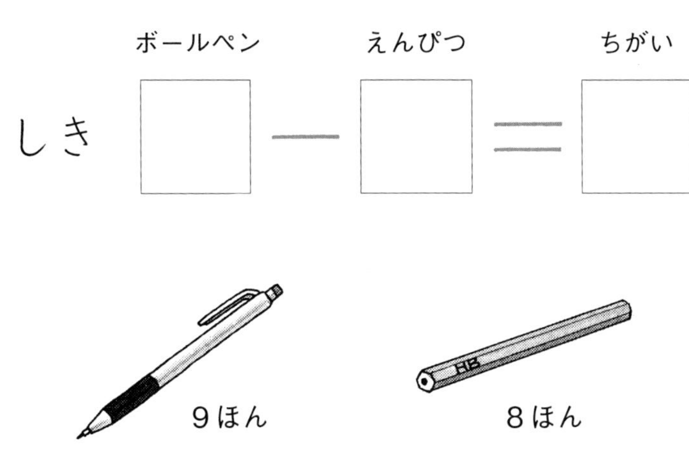

まとめ

9までの ひきざん1

がつ　にち　てん

なまえ

1 みかんが 8こ あります。
2こ たべると のこりは なんこですか。

（しき　15てん，こたえ　10てん）

しき □ − □ ＝ □

こたえ □ こ

2 くるまが 6だい とまって います。
3だい でて いくと のこりは なんだいですか。

（しき　15てん，こたえ　10てん）

しき □ − □ ＝ □

こたえ □ だい

3 あひるが 6わ います。
かもが 4わ います。
ちがいは なんわですか。

（しき 15てん，こたえ 10てん）

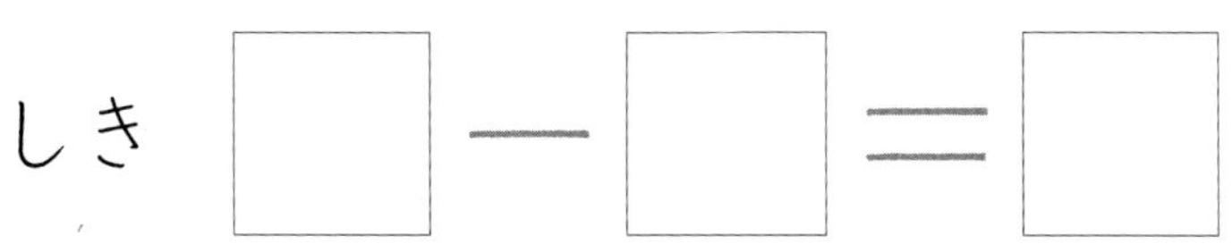

しき □ − □ ＝ □

こたえ □ わ

4 ボールペンが 9ほん あります。
クレヨンが 8ほん あります。
ちがいは なんぼんですか。

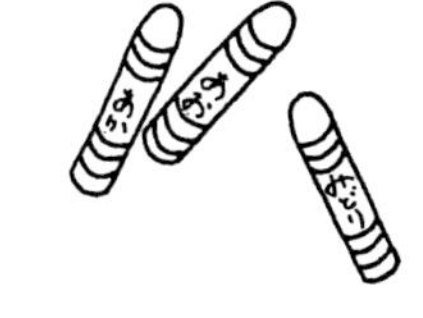

（しき 15てん，こたえ 10てん）

しき □ − □ ＝ □

こたえ □ ぽん

がつ　にち

9までの ひきざんⅡ ①

☆ かぶとむしが 7ひき います。（7この ◯）
くわがたむしが 6ぴき います。（6この ◯）
かぶとむしの ほうが なんびき おおいですか。

◯を かいて かんがえましょう。

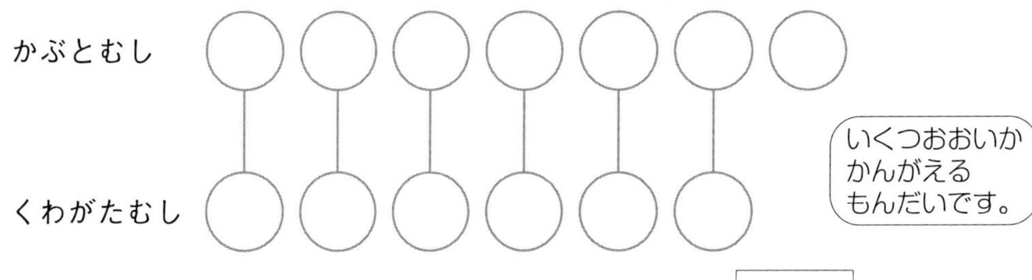

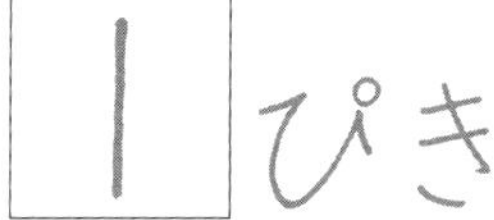

1 ぴき

1 りすが 9ひき います。（9この ◯）
うさぎが 2ひき います。（2この ◯）
りすの ほうが なんびき おおいですか。

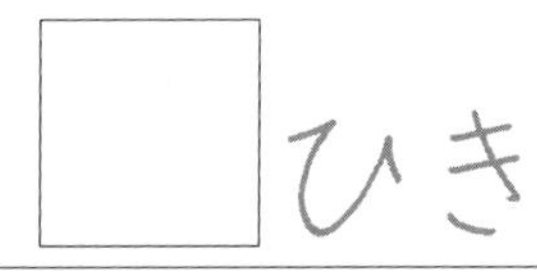

2 うしが 3とう います。(3この ○)
うまが 8とう います。(8この ○)
うまの ほうが なんとう おおいですか。

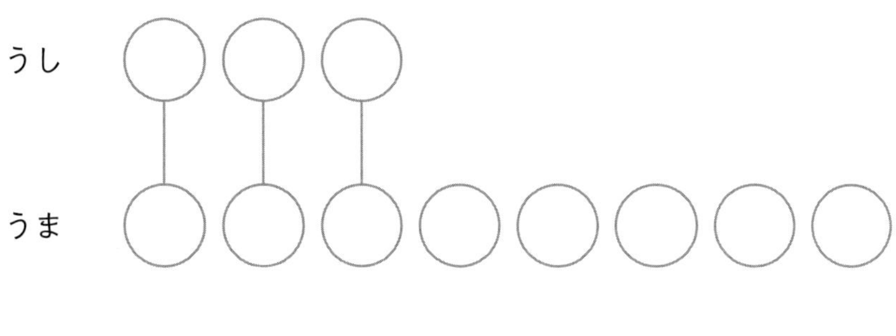

□とう

3 きりんが 3とう います。(3この ○)
しまうまが 9とう います。(9この ○)
しまうまの ほうが なんとう おおいですか。

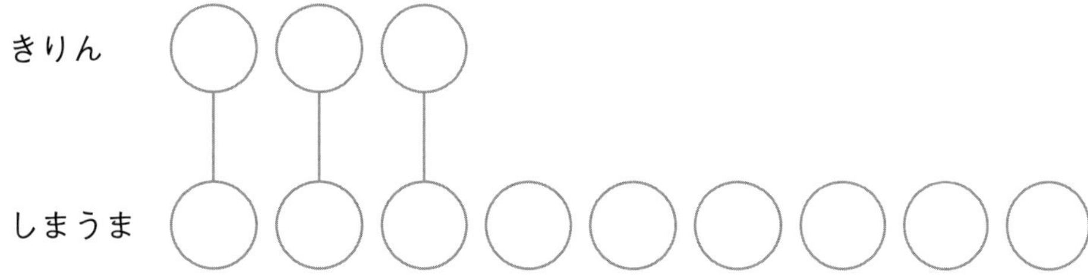

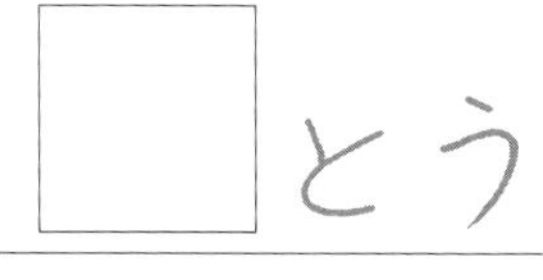

がつ　　にち

9までの ひきざんII ②

なまえ

☆　あかい はなが 9ほん さいて います。
　しろい はなが 7ほん さいて います。
　あかい はなの ほうが なんぼん おおいですか。

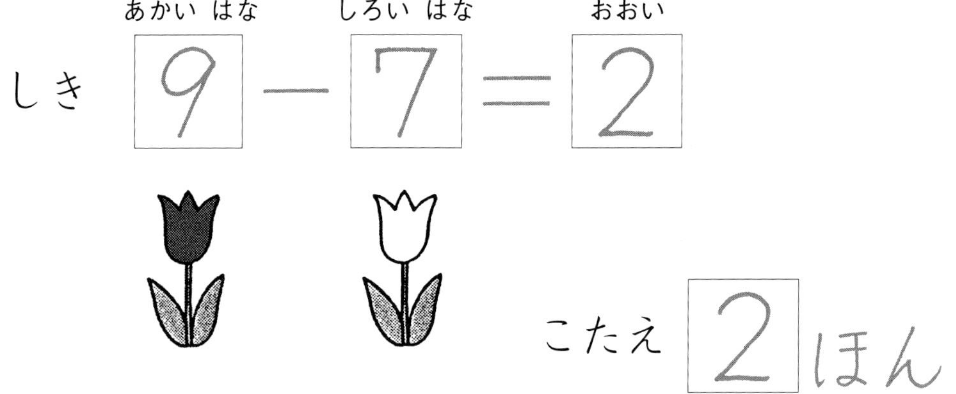

1　ふうとうが 7まい あります。
きってが 5まい あります。
ふうとうの ほうが なんまい おおいですか。

しき（ふうとう）7 −（きって）□ ＝（おおい）□

こたえ □ まい

2 いちょうの はが 7まい あります。
さくらの はが 8まい あります。
さくらの はの ほうが なんまい おおいですか。

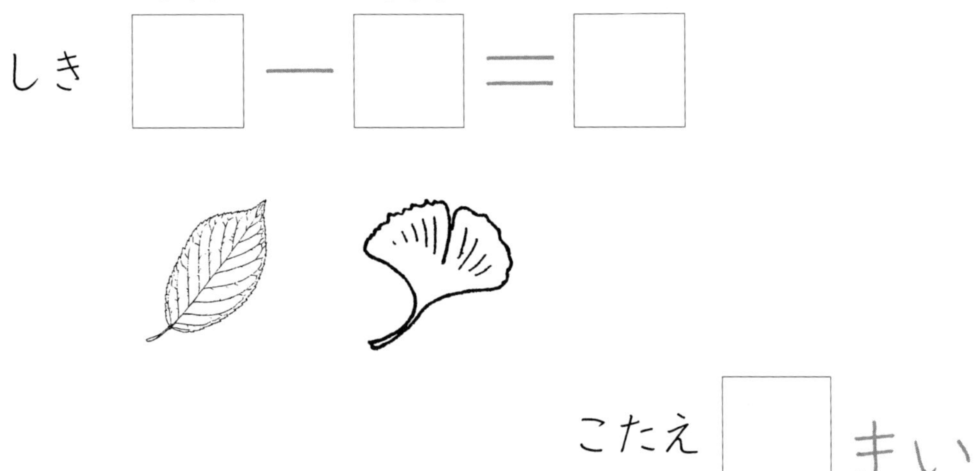

こたえ □ まい

3 あげはちょうが 1ぴき とんで います。
とんぼが 6ぴき とんで います。
とんぼの ほうが なんびき おおいですか。

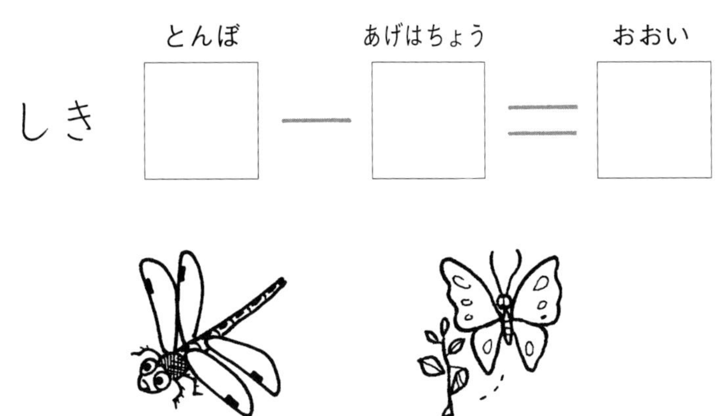

がつ　にち

9までの ひきざんII ③

なまえ

☆ あひるが 8わ います。（8この ◯）
にわとりが 7わ います。（7この ◯）
にわとりの ほうが なんわ すくないですか。

◯を かいて かんがえましょう。

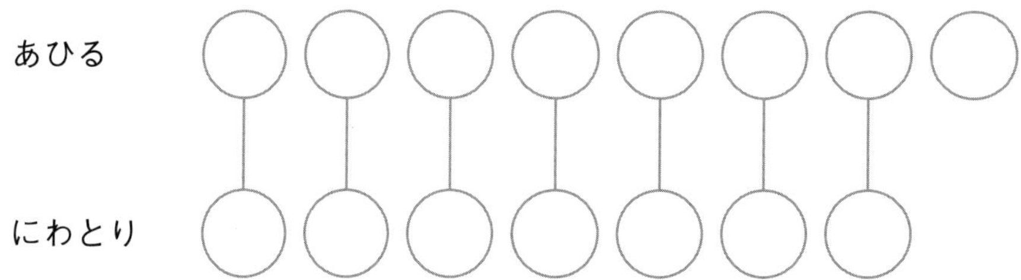

いくつ すくないか
かんがえる もんだいです。

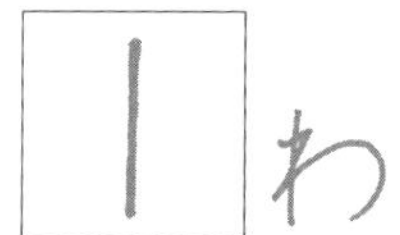

1 すずめが 9わ います。（9この ◯）
からすが 7わ います。（7この ◯）
からすの ほうが なんわ すくないですか。

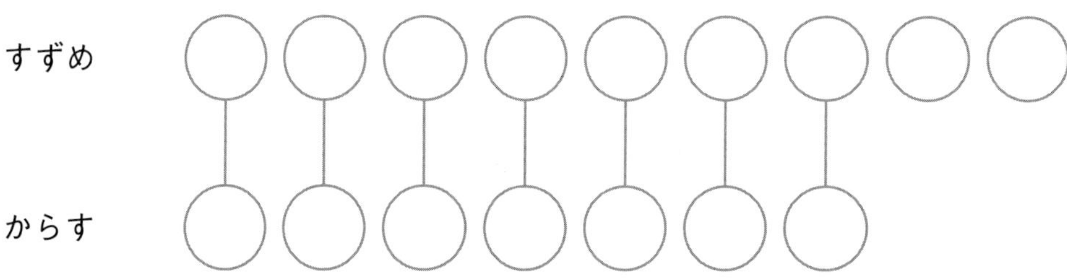

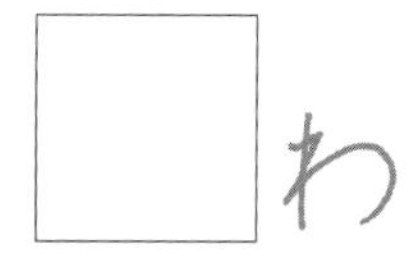

2 どうぶつえんに らいおんが 5とう います。(5この ◯)
とらが 7とう います。(7この ◯)
らいおんの ほうが なんとう すくないですか。

□とう

3 たこが 1ぴき います。(1この ◯)
いかが 9ひき います。(9この ◯)
たこの ほうが なんびき すくないですか。

□ひき

がつ　にち

9までの ひきざんII ④

なまえ

☆ うしが 2とう います。
うまが 7とう います。
うしの ほうが なんとう すくないですか。

しき　7（うま）－2（うし）＝5（すくない）

こたえ　5 とう

1 きりんが 4とう います。
しまうまが 8とう います。
きりんの ほうが なんとう すくないですか。

しき　8（しまうま）－□（きりん）＝□（すくない）

こたえ　□ とう

[2] くろい かさが 7ほん あります。
しろい かさが 6ほん あります。
しろい かさの ほうが なんぼん すくないですか。

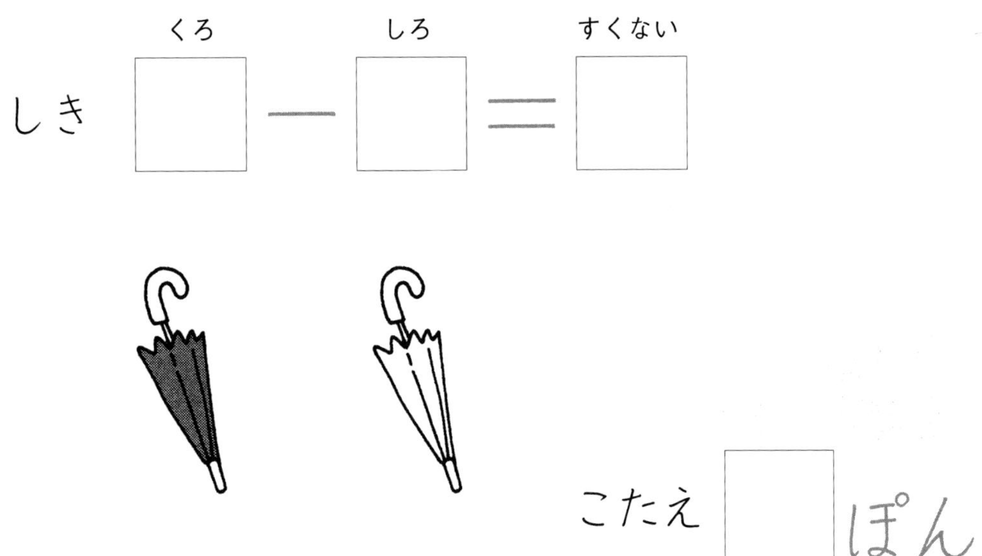

[3] にわとりが 8わ います。
あひるが 6わ います。
あひるの ほうが なんわ すくないですか。

がつ　　にち

9までの ひきざんII ⑤

なまえ

☆ ねこが 9ひき います。（9この ◯）
いぬが 8ひき います。（8この ◯）
どちらが なんびき おおいですか。

◯を かいて かんがえましょう。

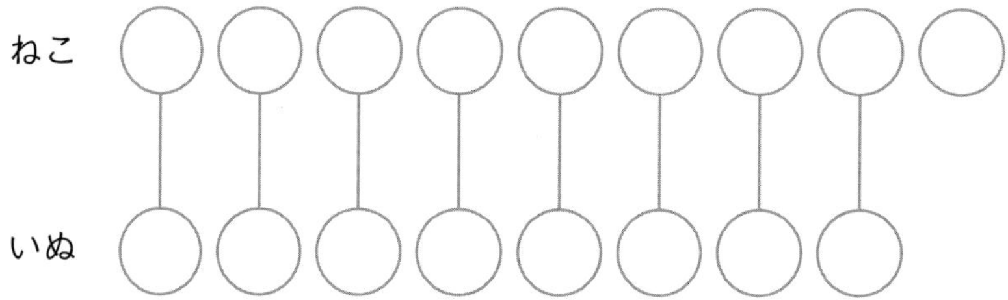

こたえ ねこが 1ぴき おおい

1 あかい かみが 8まい あります。（8この ◯）
しろい かみが 2まい あります。（2この ◯）
どちらが なんまい おおい ですか。

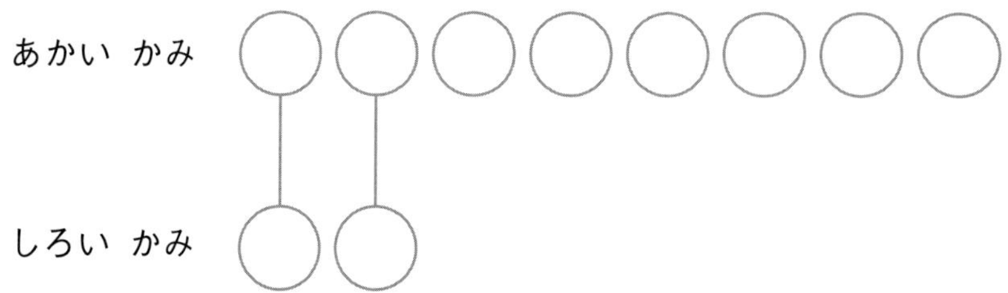

こたえ あかい かみが　　まい おおい

2 しろい くるまが 8だい あります。(8この ◯)
くろい くるまが 4だい あります。(4この ◯)
どちらが なんだい おおいですか。

しろい くるま ◯◯◯◯◯◯◯◯

くろい くるま ◯◯◯◯

こたえ しろいくるまが　　だい おおい

3 むしの ずかんが 1さつ あります。(1この ◯)
はなの ずかんが 8さつ あります。(8この ◯)
どちらが なんさつ おおいですか。

むしの ずかん ◯

はなの ずかん ◯◯◯◯◯◯◯◯

こたえ はなの ずかんが　　さつ おおい

がつ　にち

9までの ひきざんII ⑥

なまえ

☆ とらが 9とう います。
らいおんが 4とう います。
どちらが なんとう おおいですか。

	とら		らいおん		おおい
しき	9	−	4	＝	5

こたえ とらが 5とう おおい

1 かきが 7こ あります。
なしが 1こ あります。
どちらが なんこ おおいですか。

	かき		なし		おおい
しき	7	−		＝	

こたえ かきが 　こ おおい

2 くわがたむしが ５ひき います。
かぶとむしが ６ぴき います。
どちらが なんびき おおいですか。

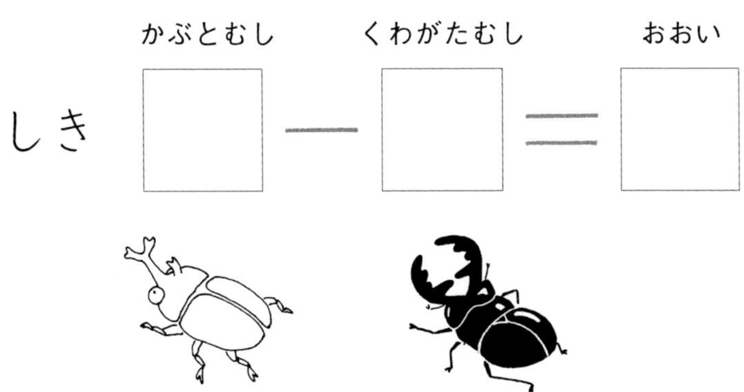

こたえ かぶとむしが　　ぴき おおい

3 パンダ(ぱんだ)が １とう います。
しろくまが ８とう います。
どちらが なんとう おおいですか。

こたえ しろくまが　　とう おおい

9までの　ひきざんII　⑦

なまえ

☆　しろい　いしが　7こ　あります。（7この　◯）
くろい　いしが　4こ　あります。（4この　◯）
どちらが　なんこ　すくないですか。

◯を　かいて　かんがえましょう。

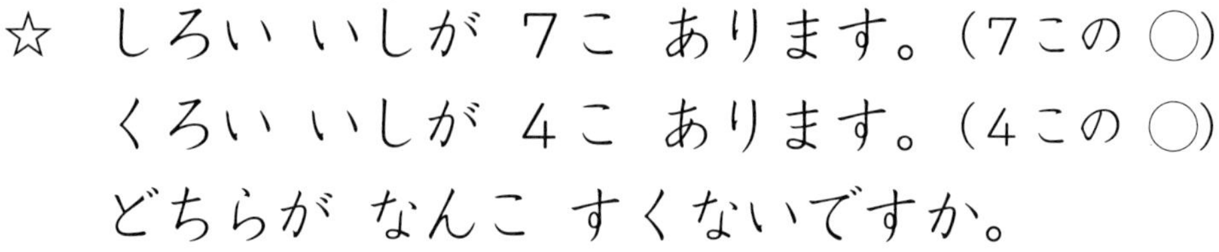

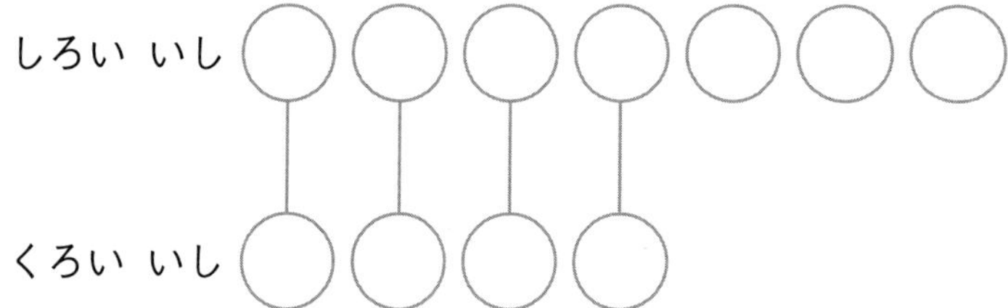

こたえ　くろいいしが　3こ　すくない

1　みかんが　8こ　あります。（8この　◯）
りんごが　6こ　あります。（6この　◯）
どちらが　なんこ　すくないですか。

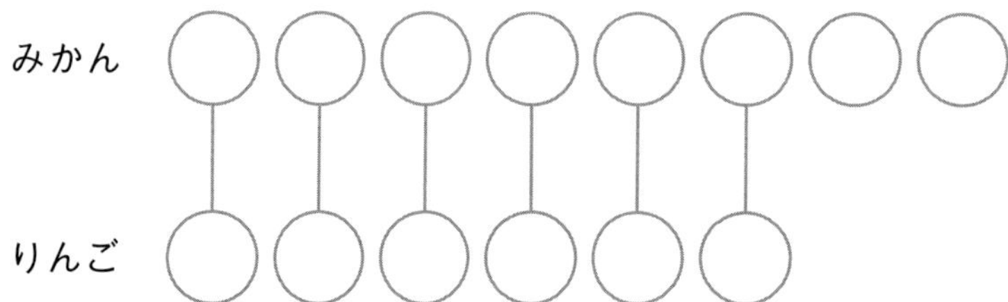

こたえ　りんごが　　　こ　すくない

2 えびが 5ひき います。
かにが 9ひき います。
どちらが なんびき すくないですか。

こたえ えびが　　ひき すくない

3 あまがきが 2こ あります。
しぶがきが 6こ あります。
どちらが なんこ すくないですか。

あまがき

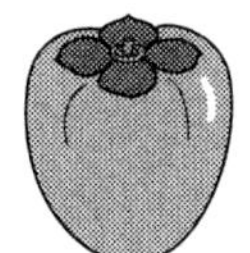
しぶがき

あまがき 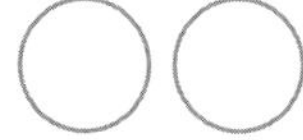

しぶがき 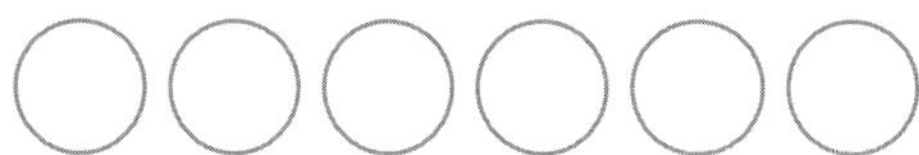

こたえ あまがきが　　こ すくない

がつ　　にち

9までの ひきざんII ⑧

☆ ケーキが 4こ あります。
ドーナツが 7こ あります。
どちらが なんこ すくないですか。

ドーナツ　ケーキ　すくない

しき 7 − 4 ＝ 3

こたえ ケーキが 3こ すくない

1 みつばちが 6ぴき います。
ちょうちょが 8ひき います。
どちらが なんびき すくないですか。

ちょうちょ　みつばち　すくない

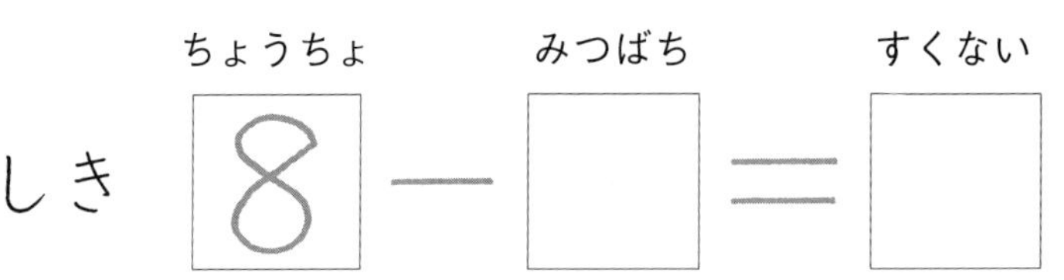

しき 8 − □ ＝ □

こたえ みつばちが 　ひき すくない

2 えほんが 9さつ あります。
ずかんが 3さつ あります。
どちらが なんさつ すくないですか。

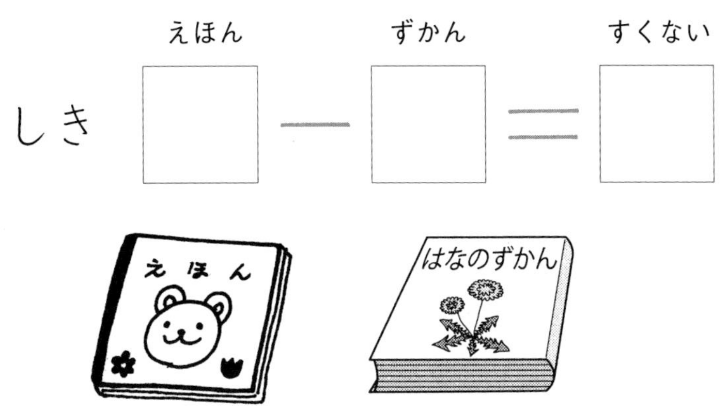

こたえ ずかんが　　さつ すくない

3 さくらんぼが 6こ あります。
いちごが 5こ あります。
どちらが なんこ すくないですか。

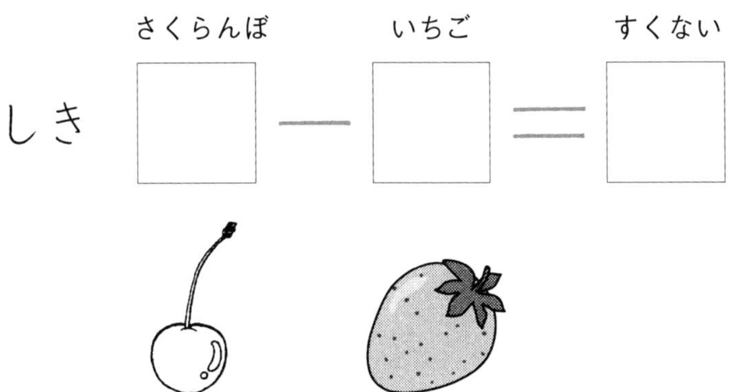

こたえ いちごが　　こ すくない

まとめ

9までの ひきざんⅡ

がつ　にち　てん

なまえ

1 シール(しいる)を わたしは 9まい もって います。
いもうとは 4まい もって います。
どちらが なんまい おおいですか。

（しき　15てん，こたえ　10てん）

しき □－□＝□

こたえ　が□まい おおい

2 あたらしい えんぴつが 6ぽん あります。
けずった えんぴつが 4ほん あります。
どちらが なんぼん おおいですか。

（しき　15てん，こたえ　10てん）

しき □－□＝□

こたえ

えんぴつが□ほん おおい

3 メロン（めろん）が 8こ あります。
すいかが 7こ あります。
どちらが なんこ すくないですか。

（しき 15てん，こたえ 10てん）

しき 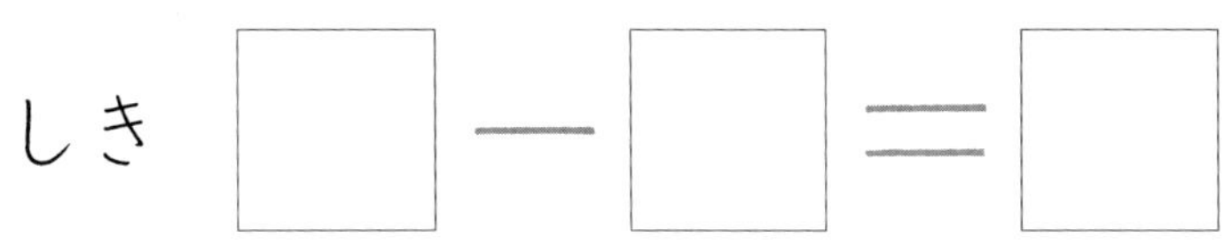

こたえ 

4 ボール（ぼおる）が 7こ あります。
グローブ（ぐろうぶ）が 5こ あります。
どちらが なんこ すくないですか。

（しき 15てん，こたえ 10てん）

しき □－□＝□

こたえ が□こ すくない

がつ にち

10になる たしざん ①

なまえ

☆ あかい はなが 5ほん さいて います。
しろい はなが 5ほん さいて います。
はなは ぜんぶで なんぼん さいて いますか。
○を かいて かんがえましょう。

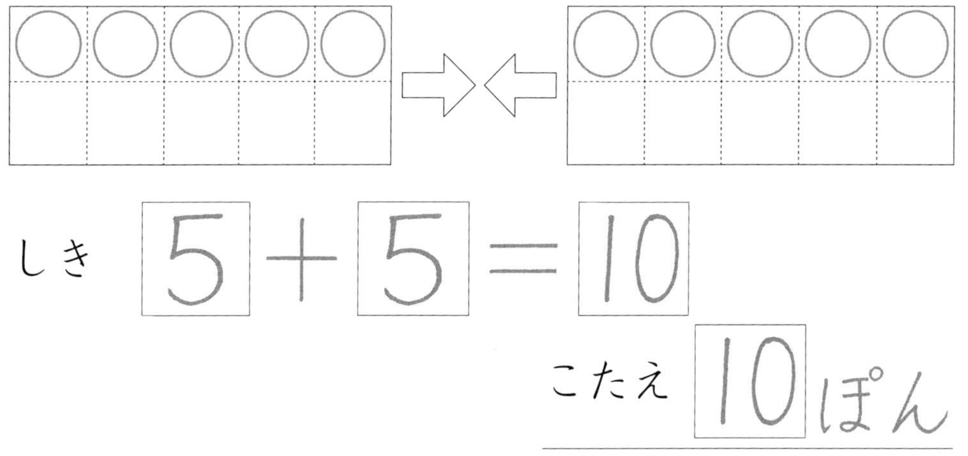

しき 5＋5＝10

こたえ 10ぽん

1 きんぎょが 6ぴき います。
めだかが 4ひき います。
さかなは あわせて なんびき いますか。

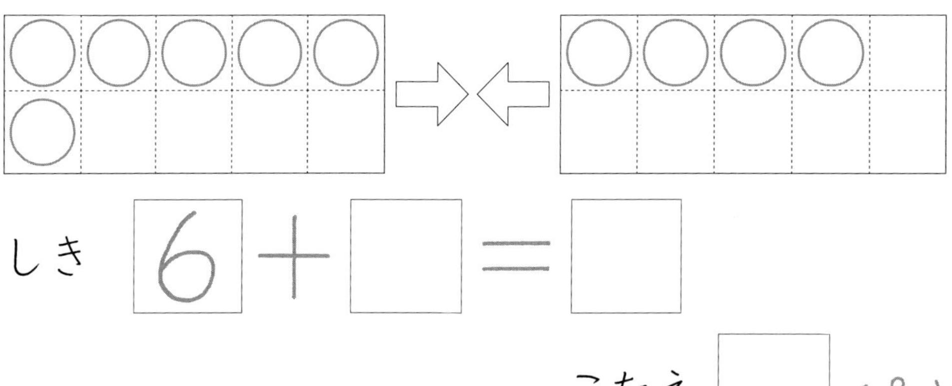

しき 6＋□＝□

こたえ □ぴき

2 くりが かごの なかに 8こ あります。
かごの そとに 2こ あります。
くりは あわせて なんこ ありますか。

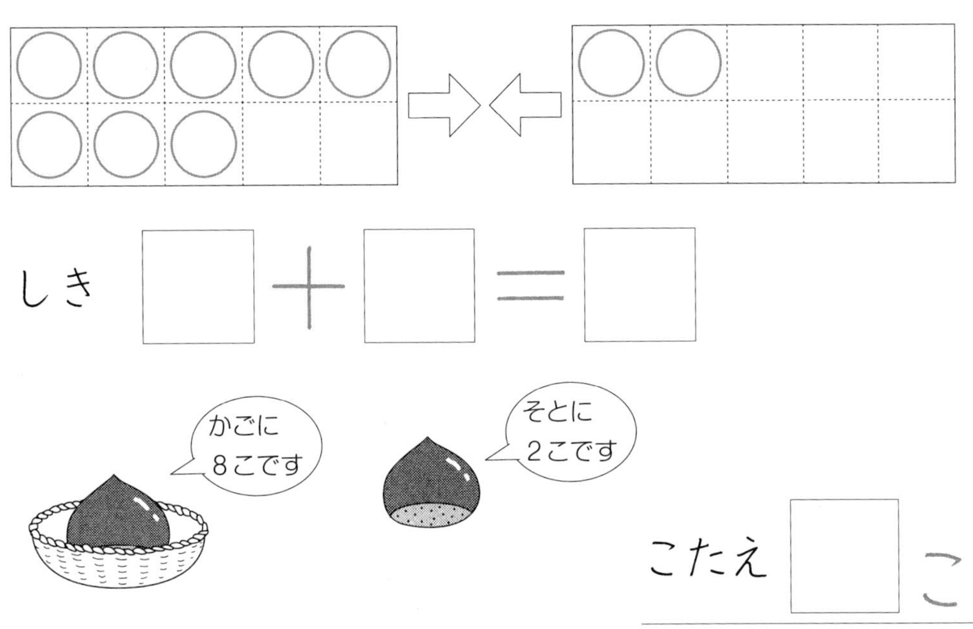

3 おとなが 3にん います。
こどもが 7にん います。
みんなで なんにんですか。

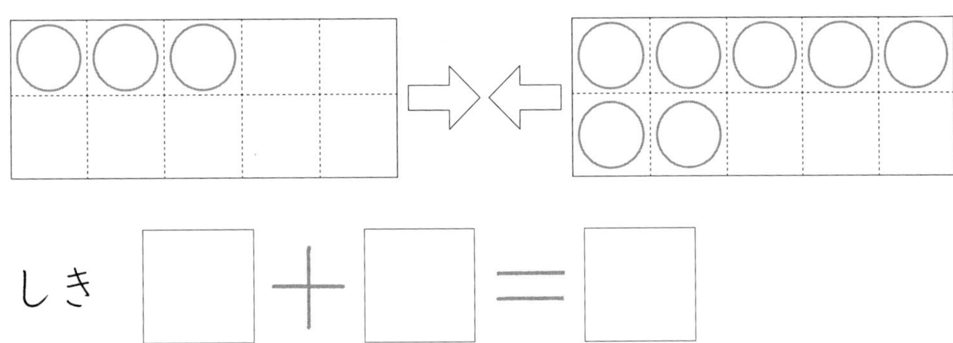

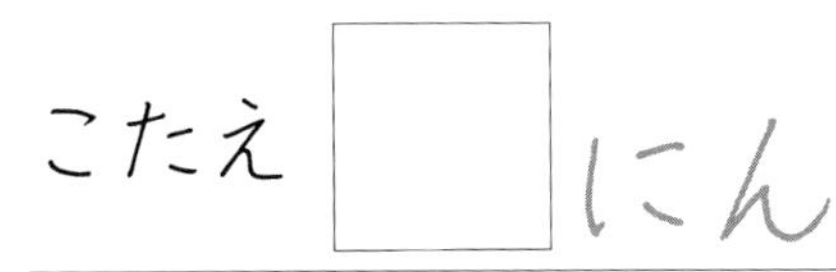

がつ　　　にち

10になる たしざん ②

☆ えほんが 9さつ あります。
ずかんが 1さつ あります。
ほんは あわせて なんさつ ありますか。

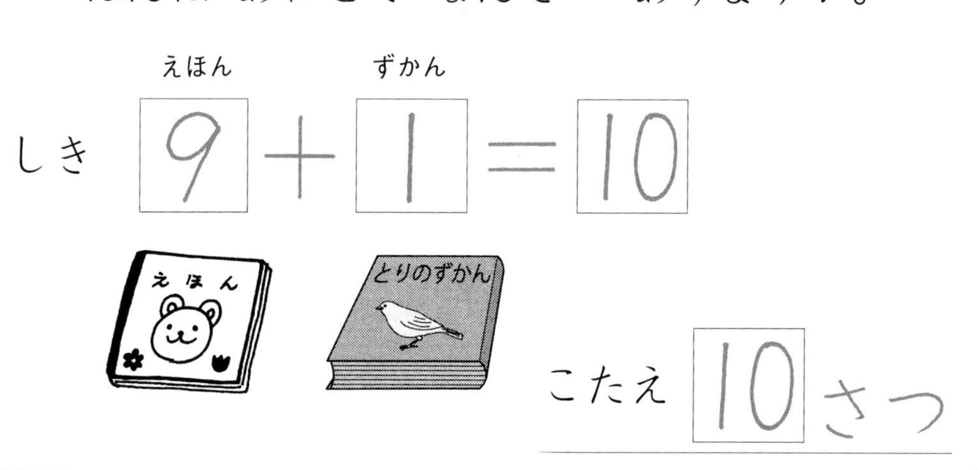

1 ほんたてに ほんが 7さつ あります。
そこへ 3さつ いれました。
ほんたての ほんは ぜんぶで なんさつに なりましたか。

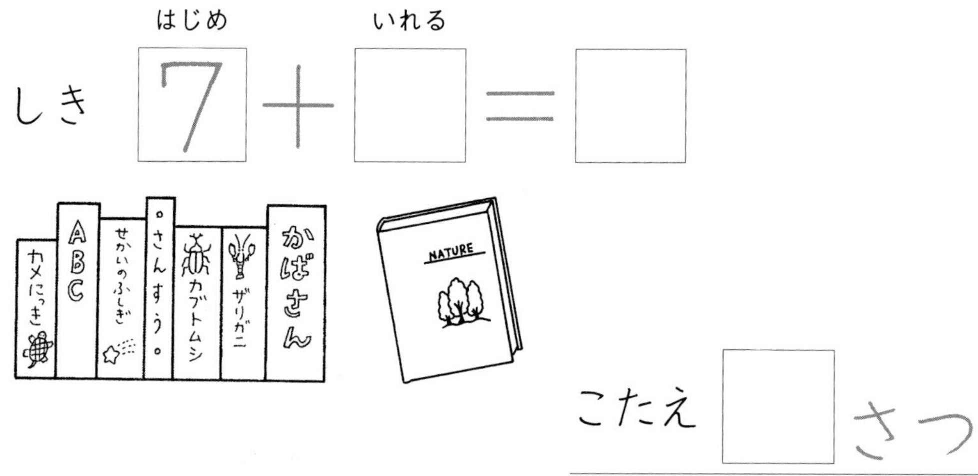

2 オレンジジュースが 4ほん あります。
アップルジュースが 6ぽん あります。
ジュースは ぜんぶで なんぼん ありますか。

オレンジジュース　アップルジュース

しき □ ＋ □ ＝ □

こたえ □ ぽん

3 いちょうの おちばを 9まい もって います。
また 1まい ひろいました。
いちょうの おちばは ぜんぶで なんまいに なりますか。

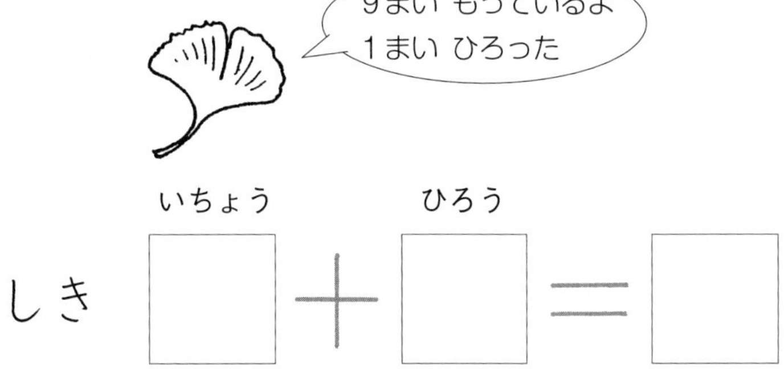

いちょう　ひろう

しき □ ＋ □ ＝ □

こたえ □ まい

くりあがりの たしざん ①

なまえ

☆ みけねこが 8ひき います。
とらねこが 5ひき います。
ねこは あわせて なんびき いますか。

ずを みて かんがえよう

みけねこ

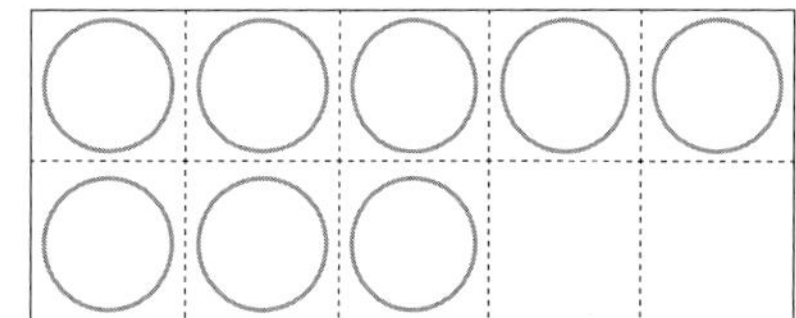

とらねこ

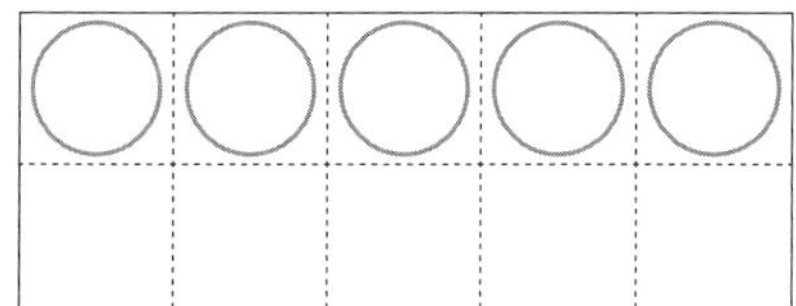

しき 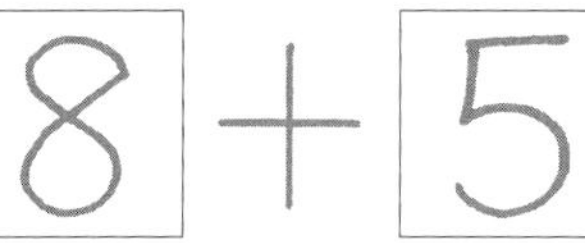

こたえ 13びき

1 あおい くるまが 9だい あります。
くろい くるまが 3だい あります。
くるまは ぜんぶで なんだい ありますか。

あおい くるま

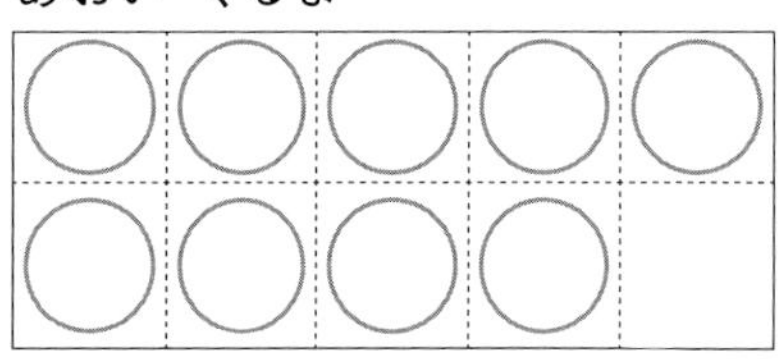

くろい くるま

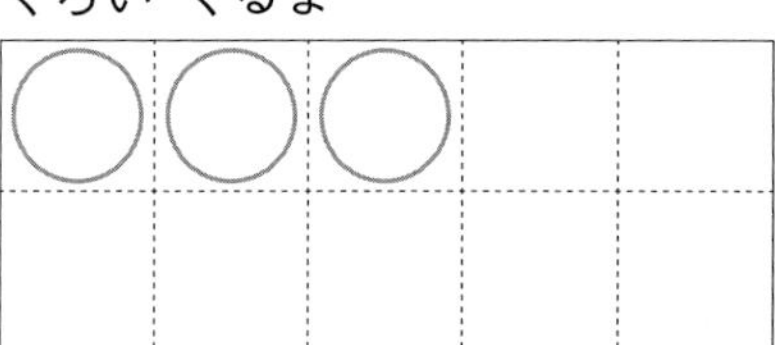

しき 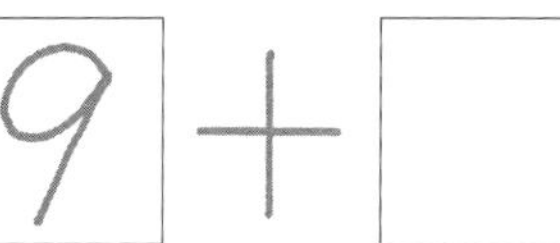

こたえ □だい

2 くるまが 7だい とまって います。
そこへ 4だい きて とまりました。
くるまは ぜんぶで なんだいに なりましたか。

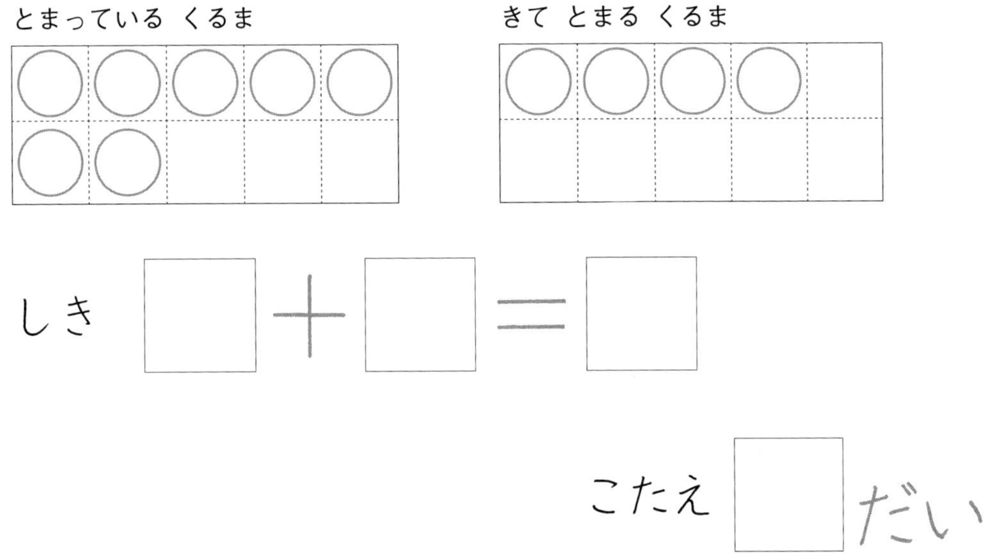

しき □＋□＝□

こたえ □だい

3 こどもが すなばに 7にん います。
そこへ 6にん きました。
こどもは みんなで なんにんに なりましたか。

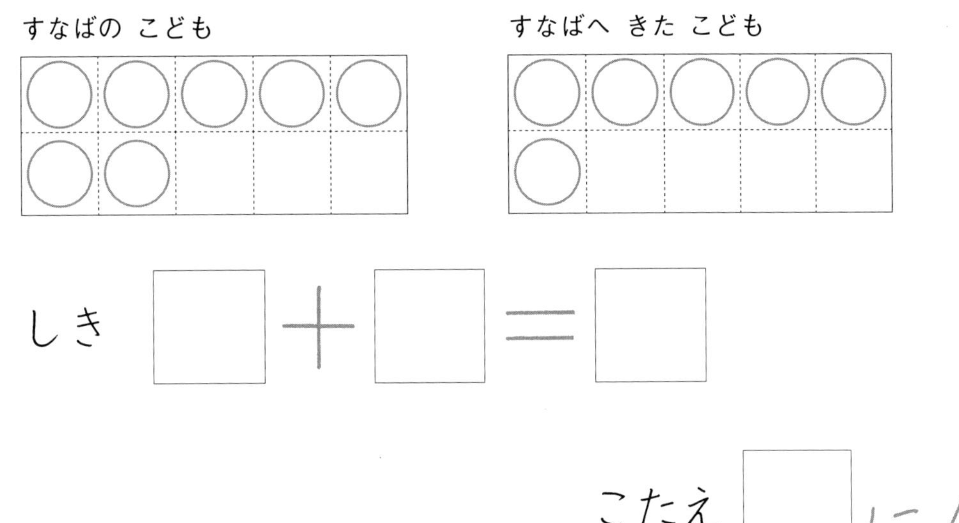

しき □＋□＝□

こたえ □にん

くりあがりの たしざん ②

がつ　　にち

なまえ

☆ こうさくの ほんが 8さつ あります。
おりがみの ほんが 6さつ あります。
ほんは あわせて なんさつ ありますか。

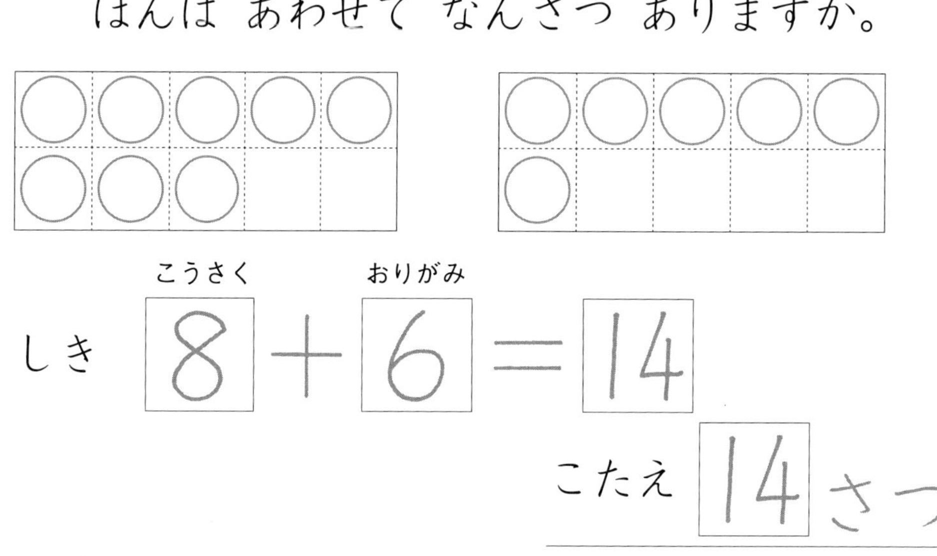

1 1ねんせいが 9にん います。
2ねんせいが 7にん います。
こどもは みんなで なんにん いますか。

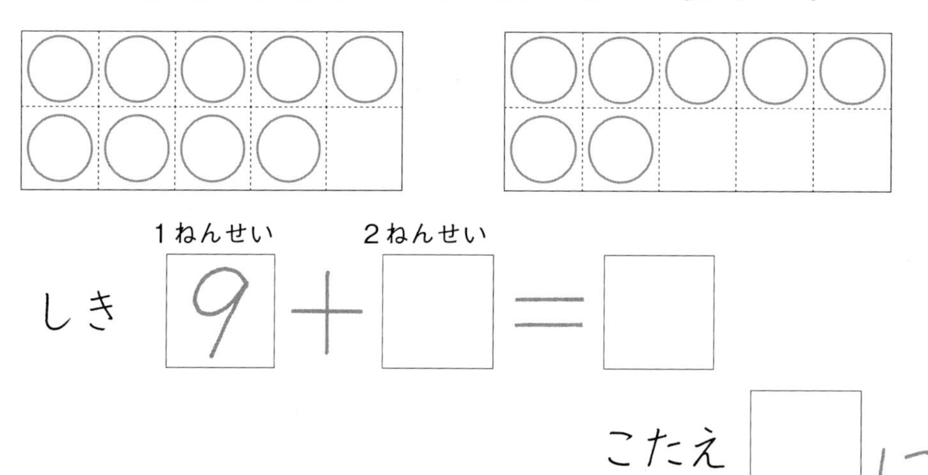

2 せみを 8ひき とりました。
また 4ひき とりました。
せみは ぜんぶで なんびきに なりましたか。

はじめに とった せみ　つぎに とった せみ

しき □＋□＝□

こたえ □ひき

3 かびんに はなが 7ほん あります。
そこへ 5ほん いれました。
はなは ぜんぶで なんぼんに なりましたか。

かびんの はな　いれた はな

しき □＋□＝□

こたえ □ほん

くりあがりの たしざん ③

なまえ

☆ ばらの はなが 9こ さいています。
きょう 5こ さきました。
ばらの はなは あわせて なんこ さきましたか。

しき 9 ＋ 5 ＝ 14

こたえ 14 こ

1 きのう おりがみで つるを 8わ おりました。
きょう 7わ おりました。
つるは あわせて なんわに なりましたか。

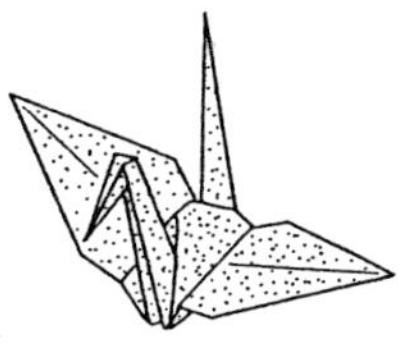

しき 8 ＋ □ ＝ □

こたえ □ わ

2 かしわもちが 7こ あります。
だいふくもちも 7こ あります。
おもちは あわせて なんこ ありますか。

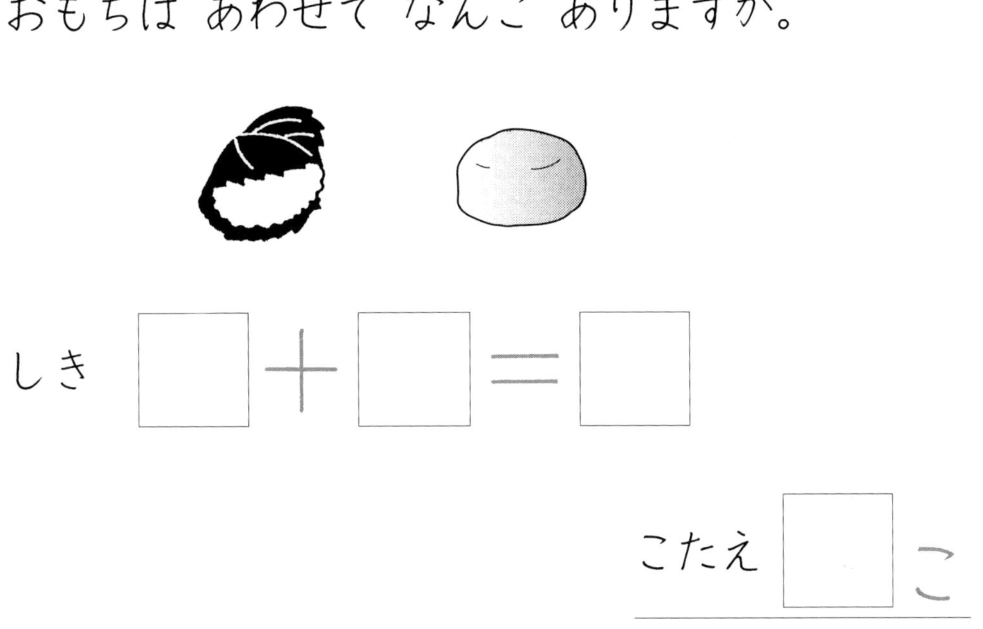

しき □＋□＝□

こたえ □こ

3 おまんじゅうが しかくの さらに 6こ あります。
まるい さらに 5こ あります。
おまんじゅうは あわせて なんこ ありますか。

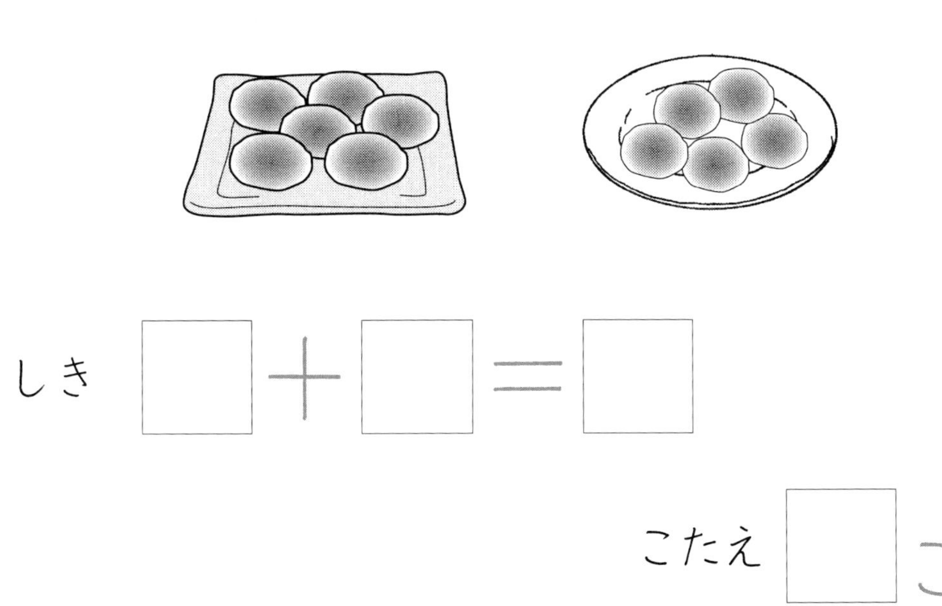

しき □＋□＝□

こたえ □こ

がつ　　にち

くりあがりの　たしざん　④

☆　にわとりが　こやの　なかに　9わ　います。
こやの　そとに　4わ　います。
にわとりは　あわせて　なんわ　いますか。

1　すずめが　やねの　うえに　8わ　います。
でんせんに　3わ　とまって　います。
すずめは　あわせて　なんわ　いますか。

しき　8＋□＝□

こたえ　□わ

2 いけに きんぎょが 9ひき います。
そこへ 5ひき いれました。
いけの きんぎょは あわせて なんびきに なりましたか。

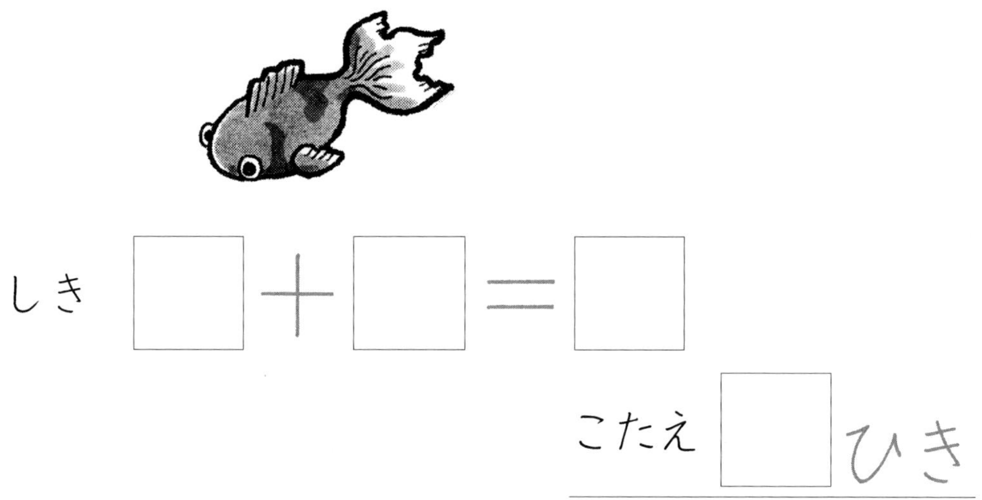

3 バス（ばす）に おきゃくさんが 6にん のって います。
バスていで 6にん のって きました。
おきゃくさんは みんなで なんにんに なりましたか。

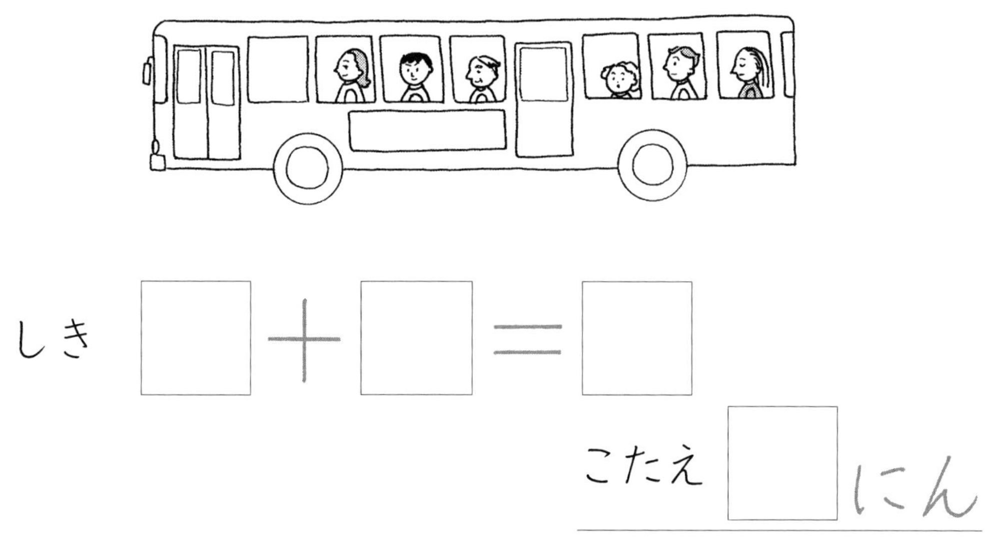

まとめ

くりあがりの たしざん

がつ　にち　てん

なまえ

1 こどもが 6にん います。
おとなが 7にん います。
あわせて なんにん いますか。（しき 15てん，こたえ 10てん）

しき □＋□＝□

こたえ □にん

2 おちゃを 5ほん かいました。
ジュース（じゅうす）を 6ぽん かいました。
あわせて なんぼん かいましたか。

（しき 15てん，こたえ 10てん）

しき □＋□＝□

こたえ □ぽん

3 あめが 7こ あります。
おかあさんから 4こ もらうと、なんこに なりますか。
（しき 15てん，こたえ 10てん）

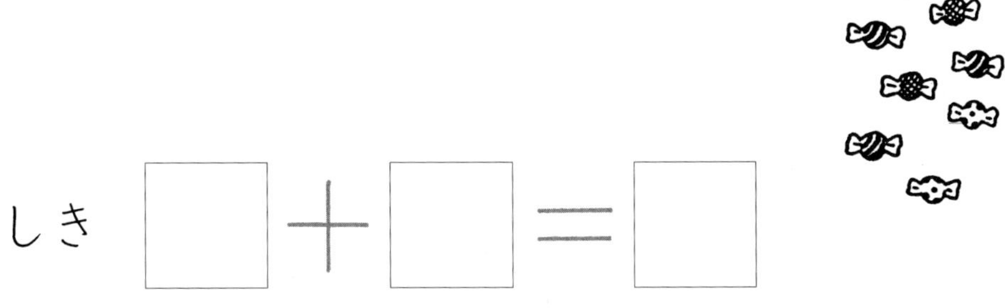

しき □＋□＝□

こたえ □こ

4 やぎが 4ひき います。
あとから 9ひき くると、なんびきに なりましたか。
（しき 15てん，こたえ 10てん）

しき □＋□＝□

こたえ □びき

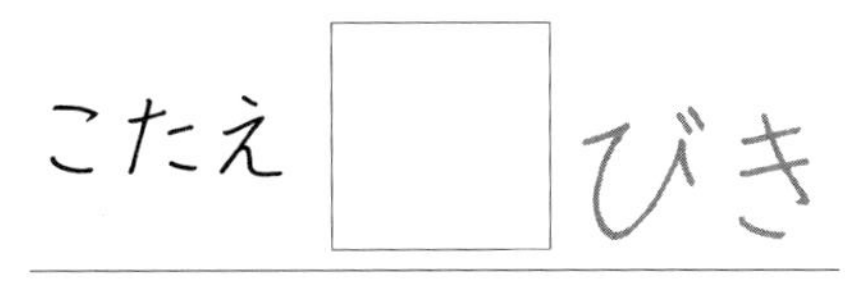

10からひく　ひきざん ①

☆　たんぽぽが 10ぽん さいて います。
5ほん とりました。
たんぽぽは なんぼん のこって いますか。

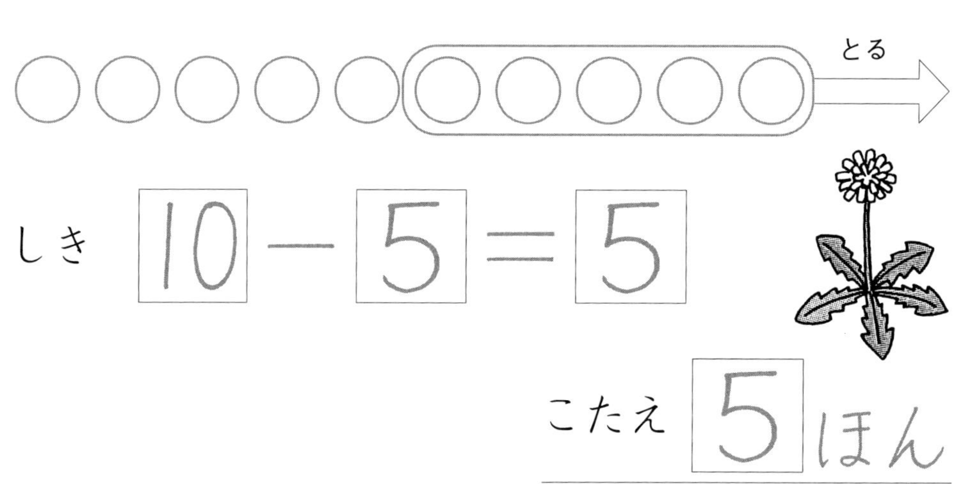

1　おいもが 10こ あります。
2こを やいて たべました。
おいもは なんこ のこって いますか。

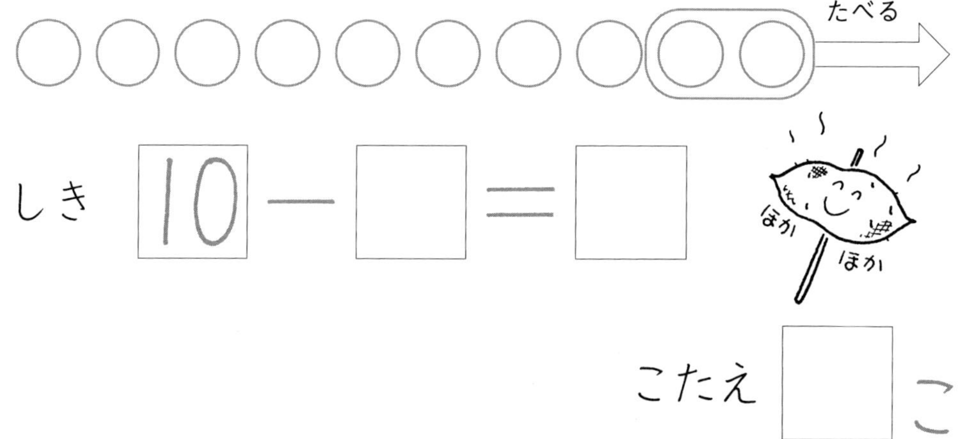

② あおい はなを 10ぽん もっています。
6ぽんを かびんに さしました。
てのなかには はなは なんぼん のこっていますか。

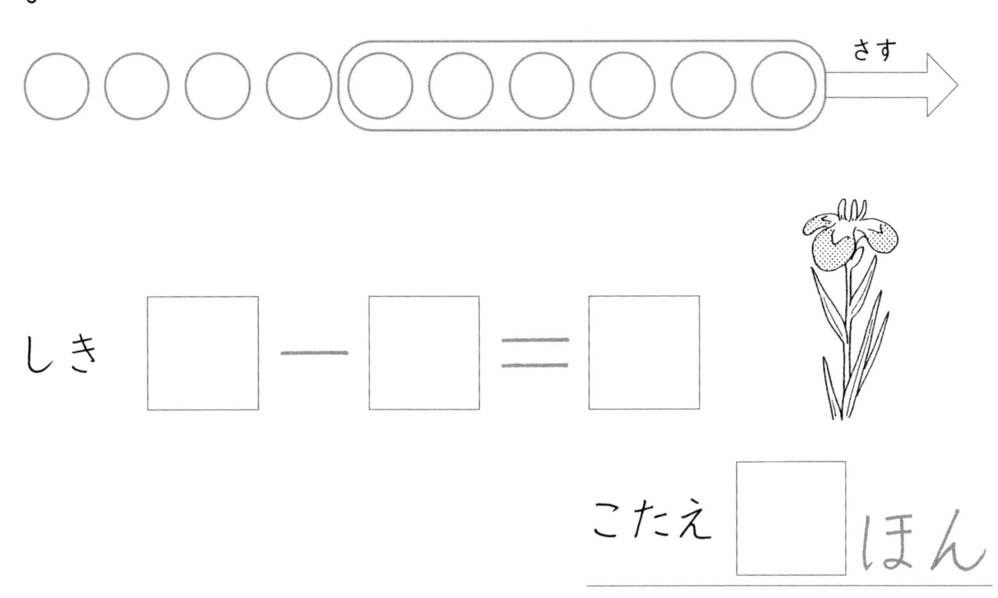

③ えほんを 10さつ もって います。
がっこうへ 3さつ もって いきました。
えほんは いえに なんさつ のこっていますか。

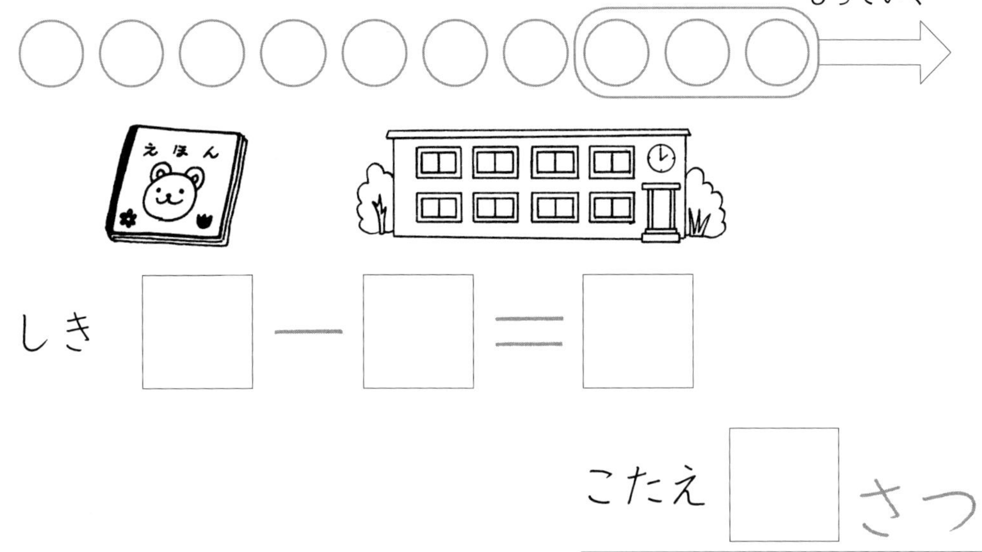

10からひく ひきざん ②

がつ　にち

なまえ

☆ なしが 10こ あります。
8こ たべました。
なしは なんこ のこって いますか。

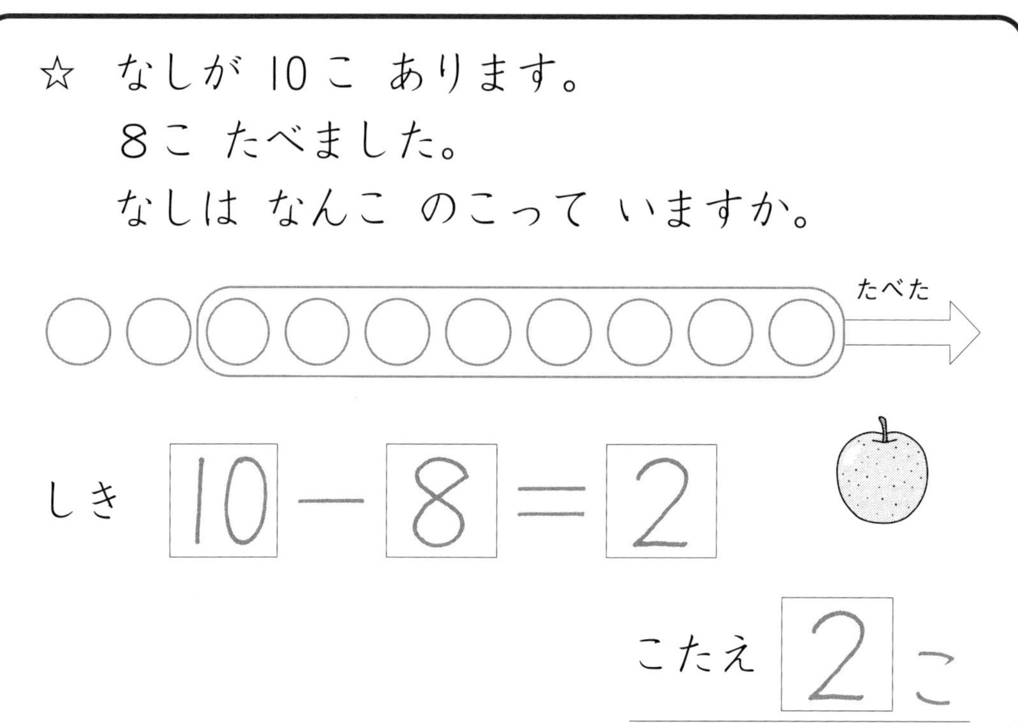

1 ももが 10こ あります。
7こ あげました。
ももは なんこ のこっていますか。

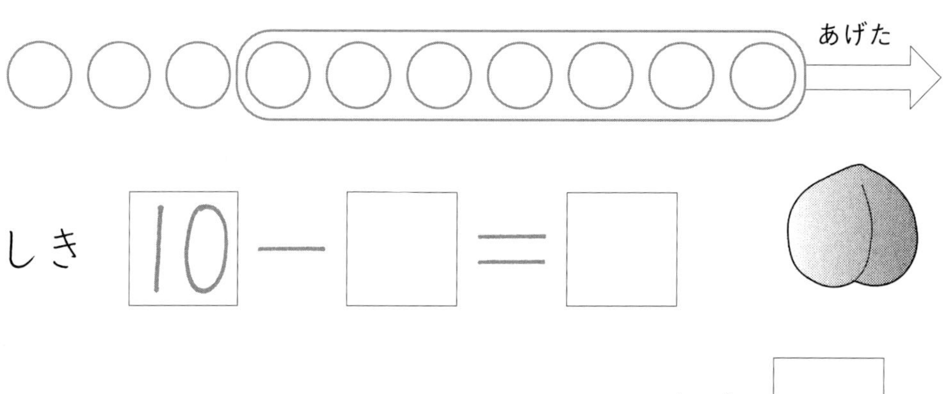

こたえ □ こ

2 ねこが 10ぴき います。
1ぴき どこかへ いきました。
ねこは なんびき のこっていますか。

どこかへ いった

しき □ ー □ ＝ □

こたえ □ ひき

3 きつねが 10ぴき います。
4ひき やまへ かえりました。
きつねは なんびき のこっていますか。

かえった

しき □ ー □ ＝ □

こたえ □ ぴき

がつ　にち

くりさがりの ひきざん ①

なまえ

☆ つるが 11わ えさを たべて います。
5わが とびたちました。
つるは なんわ のこって いますか。

しき 11 － 5 ＝ 6

こたえ 6 わ

1 からすが 12わ きに とまって います。
6わが とんで いきました。
からすは なんわ のこって いますか。

しき 12 － □ ＝ □

こたえ □ わ

2 こどもが すなばに 13にん います。
おんなのこは 6にんで のこりは おとこのこです。
おとこのこは なんにん いますか。

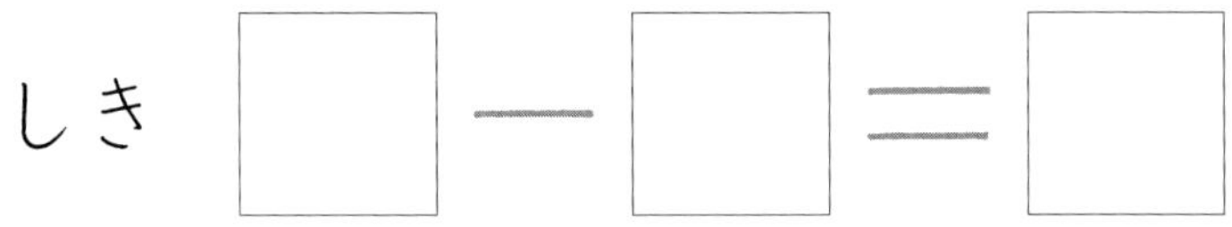

3 くるまが 11だい あります。
4だいは あおい くるまで、のこりは あかい くるまです。
あかい くるまは なんだいですか。

しき □ − □ ＝ □

こたえ □ だい

がつ　　にち

くりさがりの ひきざん ②

なまえ

☆ とりが 15わ います。
すずめが 7わで、のこりは うぐいすです。
うぐいすは なんわ いますか。

しき 15 － 7 ＝ 8

こたえ 8 わ

1 きんぎょが 17ひき います。
くろい きんぎょは 8ひきで、のこりは あかい きんぎょです。
あかい きんぎょは なんびき いますか。

しき 17 － □ ＝ □

こたえ □ ひき

2 さくらもちが 14こ あります。
6こ たべました。
のこって いるのは なんこですか。

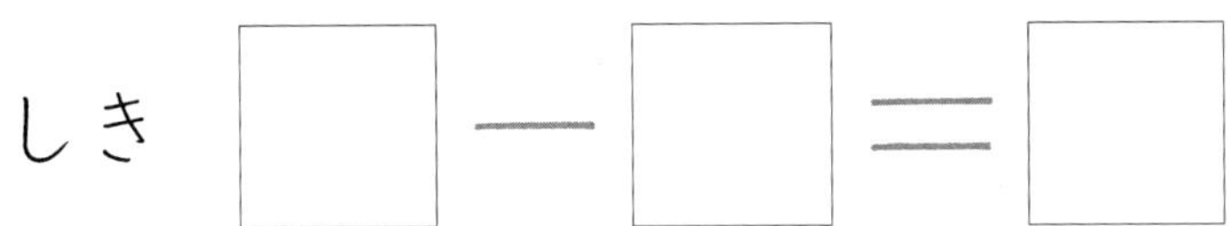

こたえ □ こ

3 ゆりの はなが 16ぽん あります。
はなばさみで 9ほん きりました。
のこって いるのは なんぼんですか。

しき □ － □ ＝ □

こたえ □ ほん

がつ　　にち

くりさがりの　ひきざん　③

なまえ

☆　ジュース（じゅうす）が　13ぼん　あります。
ぎゅうにゅうは　9ほん　あります。
ジュースの　ほうが　なんぼん　おおいですか。

ジュース

MILK　MILK

しき　13 − 9 ＝ 4

こたえ　4 ほん

1　ゆりが　12ほん　あります。
ひまわりは　7ほん　あります。
ゆりのほうが　なんぼん　おおいですか。

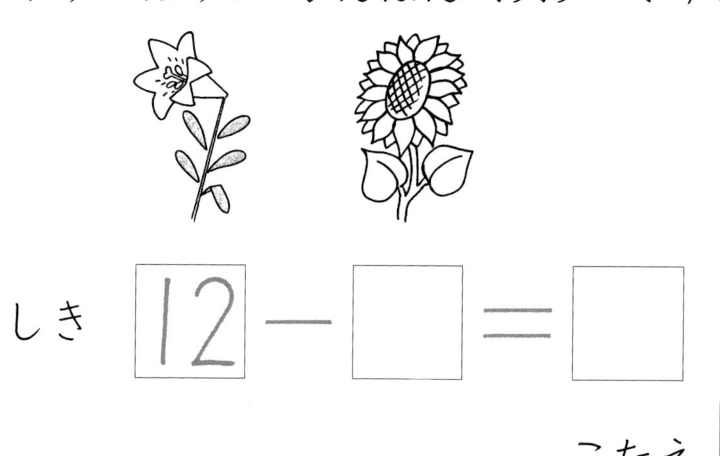

しき　12 − □ ＝ □

こたえ　□ ほん

2 なしが 11こ あります。
かきは 8こ あります。
なしの ほうが なんこ おおいですか。

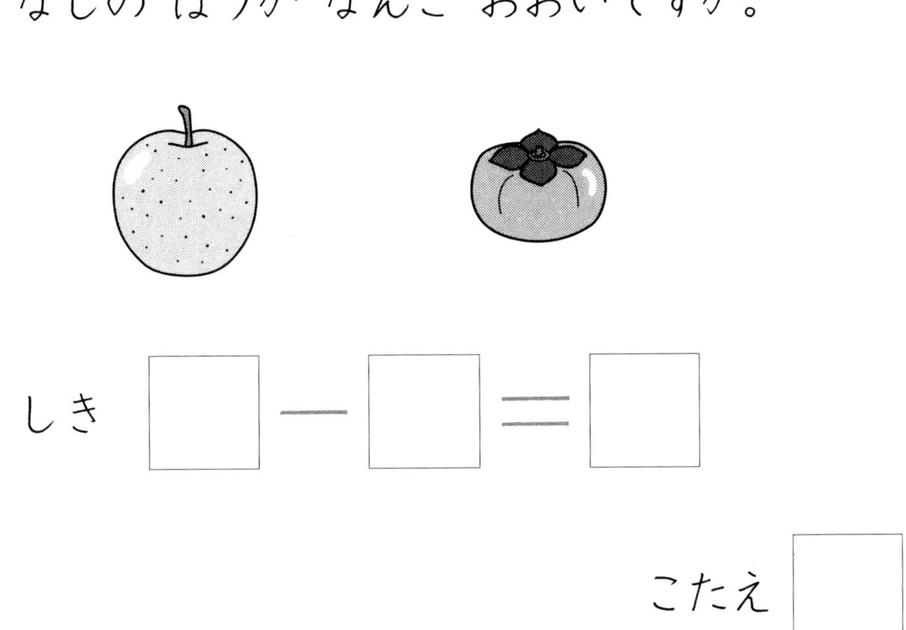

しき □ − □ ＝ □

こたえ □ こ

3 メロン(めろん)が 15こ あります。
すいかは 9こ あります。
メロンの ほうが なんこ おおいですか。

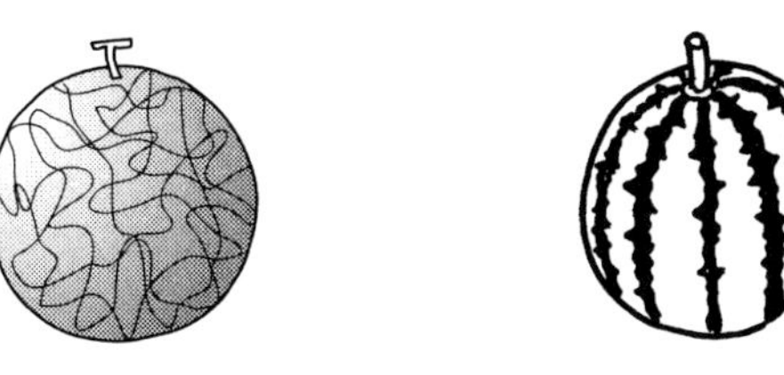

しき □ − □ ＝ □

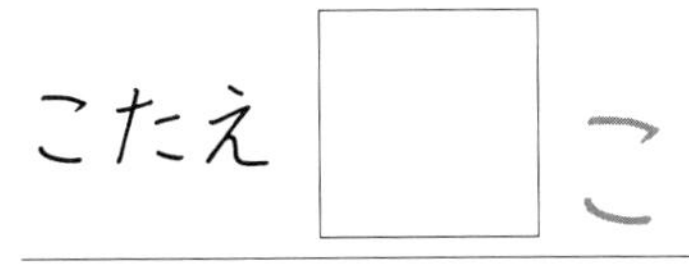

こたえ □ こ

くりさがりの ひきざん ④

☆ らくだが 12とう、きりんが 4とう います。
らくだと きりんの かずの ちがいは なんとうですか。

しき 12 − 4 ＝ 8

こたえ 8 とう

1 あかい かみが 15まい、くろい かみが 8まい あります。
あかい かみと くろい かみの かずの ちがいは なんまいですか。

しき 15 − □ ＝ □

こたえ □ まい

2 とっきゅうれっしゃは 13りょうで、ふつうれっしゃは 8りょうです。とっきゅうれっしゃと ふつうれっしゃの かずの ちがいは なんりょうですか。

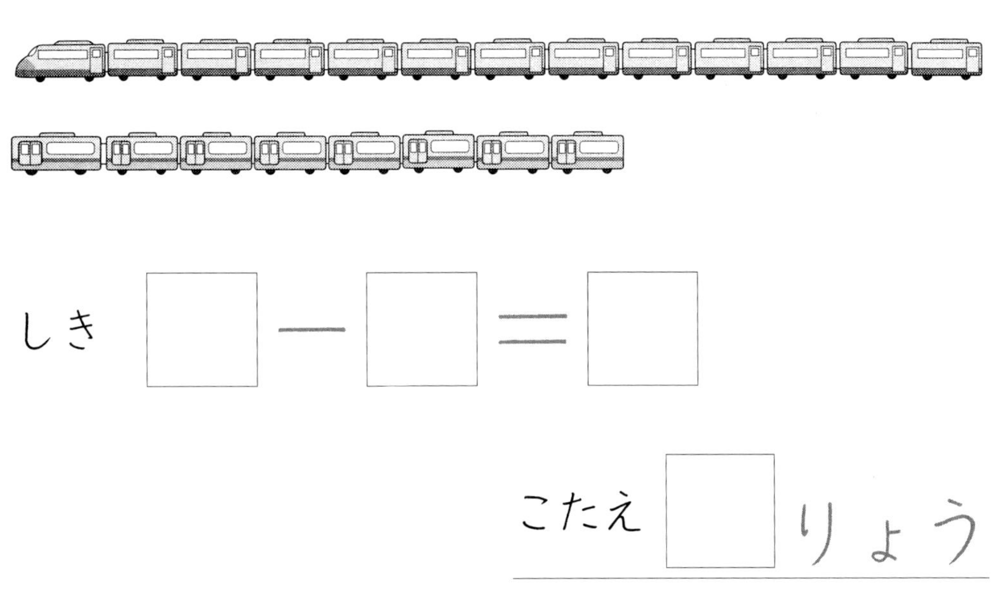

しき □ − □ ＝ □

こたえ □ りょう

3 オットセイ(おっとせい)が 8ひき、いるかが 14ひき います。かずの ちがいは なんびきですか。

しき □ − □ ＝ □

こたえ □ ひき

まとめ

くりさがりの ひきざん

がつ　にち　てん

なまえ

1　ひつじが 14とう います。9とう こやに かえりました。

ひつじは なんとう のこって いますか。

（しき　15てん，こたえ　10てん）

しき □ − □ ＝ □

こたえ □ とう

2　うさぎが 15ひき います。

くろい うさぎは 6ぴきで、のこりは しろい うさぎです。しろい うさぎは なんびき いますか。

（しき　15てん，こたえ　10てん）

しき 

□ − □ ＝ □

こたえ □ ひき

3 とりの ずかんが 12さつ、はなの ずかんが 8さつ あります。

とりの ずかんの ほうが なんさつ おおいですか。

（しき　15てん，こたえ　10てん）

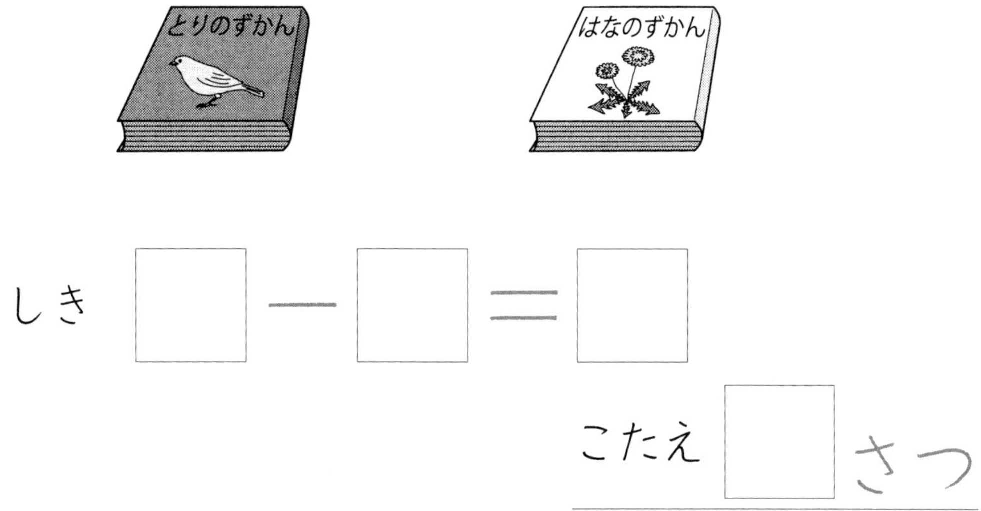

4 きいろい きくが 7ほん、しろい きくが 14ほん あります。

かずの ちがいは なんぼんですか。

（しき　15てん，こたえ　10てん）

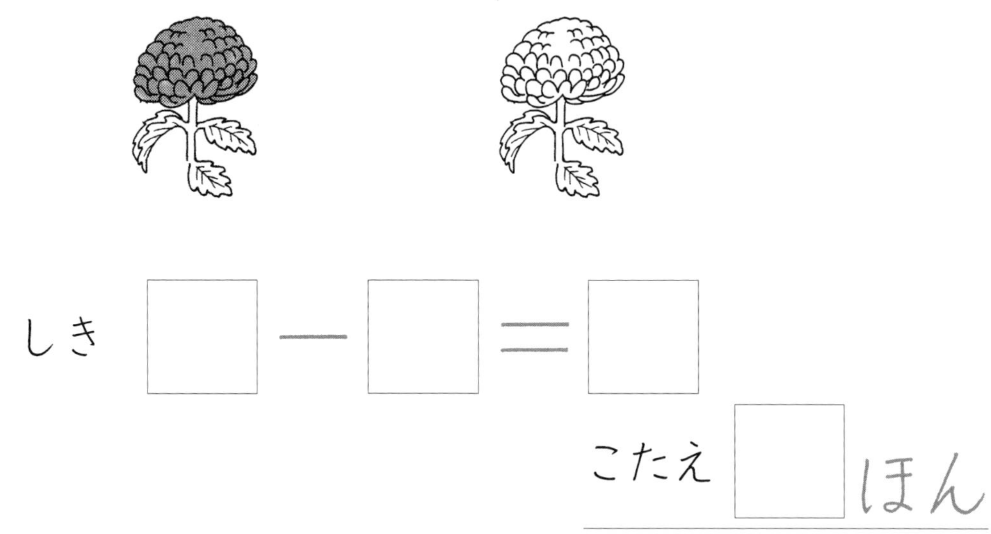

こ た え

> たし算は､｢あわせる問題（合併）｣と「ふえる問題（増加）」の２つがあります。

P．4、5　5までの　たしざん①

☆　2

　　1

　　3

1　①　1

　　②　2

　　③　3

2　①　1

　　②　1

　　③　2

3　①　4

　　②　1

　　③　5

> たし算の合併の問題です。絵だけを見て□に入るもの（数）を考えます。絵を見て、どちらがどの数になるか考えながら書きましょう。

P．6、7　5までの　たしざん②

☆　3ぼん

1　5こ

2　4ひき

3　5ひき

> 合併の問題です。文と絵を見て、自分で簡単な絵（○）を描いて考えます。この方法は、これからも問題を考えるときに役立ちます。最初は、絵の下に○を描きましょう。

P．8、9　5までの　たしざん③

☆　○○→←○

　　3まい

1　○○→←○○○

　　5まい

2　○○○→←○○

　　5ひき

3　○○○○→←○

　　5ひき

> 合併の問題です。文を見て○を描いて考えます。描いた○の数を見て答えを考えます。

P．10、11　5までの　たしざん④

☆　しき　　3＋1＝4

　　　　　　　　こたえ　4ほん

1　しき　　1＋4＝5

　　　　　　　　こたえ　5ほん

2　しき　　3＋2＝5

　　　　　　　　こたえ　5こ

合併の問題です。文と絵を見て「式」をたてて求めます。「ぜんぶで」や「あわせて」と書かれた問題は、たし算の式になります。

P．12、13　5までの　たしざん⑤

☆　3ぼん

1　5まい

2　4ひき

3　4こ

5までの数のたし算です。○を描いて考えます。数が増える（増加）の問題です。「増加」とは元あった数に、数が加わることを言います。「合併」と意味が違いますが、同じたし算です。○と➡を見て合併と増加のイメージをつかみましょう。
合併のイメージ　○➡⬅○
増加のイメージ　○　⬅○○

P．14、15　5までの　たしざん⑥

☆　○○○○←○
5さつ

1　○○○←○
4ひき

2　○○←○○
4ひき

3　○○○←○○
5こ

増加の問題です。文を見て○を描いて考えます。

P．16、17　5までの　たしざん⑦

☆　しき　1＋3＝4
こたえ　4わ

1　しき　1＋4＝5
こたえ　5ほん

2　しき　2＋2＝4
こたえ　4さつ

3　しき　3＋2＝5
こたえ　5わ

増加の問題です。文だけを見て、式を書いて答えます。増えた数を＋のうしろに書くようにしましょう。

P．18、19　5までの　たしざん　まとめ

1　しき　2＋3＝5
こたえ　5さつ

2　しき　1＋2＝3
こたえ　3びき

3　しき　2＋3＝5
こたえ　5ほん

4　しき　2＋2＝4
こたえ　4だい

P．20、21　5までの　ひきざん①

☆　4

2

2

1　①　5

②　1

③　4

2　①　3

②　2

③　1

3　①　5

②　3

③　2

ひき算の問題には、
・残りを求める問題
・違いを求める問題
があります。
ひき算で残りを求める問題です。絵を見て□に入るもの（数）を考えます。
◯→が「ひく数」になります。ひき算では、「ひかれる数」は「ひく数」より必ず大きくなります。

P．22、23　5までの　ひきざん②

☆　○○ ◎→
2こ

1　○○○ ◎→
3こ

2　○ (○○○)→
1まい

3　○ (○○)→
1まい

残りを求める問題（求残）です。文と絵を見て、自分で○や◯→を描いて考えます。答えに「こ」や「まい」も忘れずに書きましょう。

P．24、25　5までの　ひきざん③

☆　○ (○○○)→

1こ

1　○○ ◎→

2こ

2　○○○ (○○)→

3まい

3　○○ (○○)→

2わ

残りを求める問題（求残）です。自分で○や◯→を描いて考えます。

P．26、27　5までの　ひきざん④

☆　しき　　3－2＝1

こたえ　1ぽん

1　しき　　4－2＝2

こたえ　2ひき

2　しき　　5－2＝3

こたえ　3わ

残りを求める問題（求残）です。文と絵を見て「式」をたてて求めます。

P．28、29　5までの　ひきざん⑤

☆　3

　　2

　　1

1　①　4

　　②　2

　　③　2

5までのひき算で違いを求める問題（求差）です。比べるものを２列に並べて考えると分かりやすくなります。

P．30、31　5までの　ひきざん⑥

☆　3

　　1

　　2

1　①　4

　　②　3

　　③　1

2　①　1

　　②　4

　　③　3

ひき算で差を求める問題（求差）です。絵を見て□に入るもの（数）を考えます。わかりにくいときは並べて考えてみましょう。

P．32、33　5までの　ひきざん⑦

☆　4

　　3

　　1

1　①　4

　　②　2

　　③　2

2　①　3

　　②　2

　　③　1

差を求める問題（求差）です。自分で○を描いて考えます。

P．34、35　5までの　ひきざん⑧

☆　○○○○
　　○○○

　　1まい

1　○○○○○
　　○○

　　3ぼん

2　○○○○
　　○○

　　2だい

3　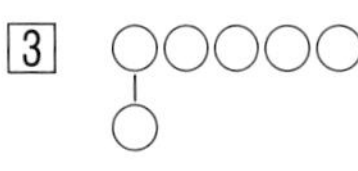

　　4わ

差を求める問題（求差）です。文を見て、○を描いて考えます。比べるものを線で結ぶと違いが分かりやすくなります。

P．36、37　5までの　ひきざん⑨

☆　しき　　2－1＝1

こたえ　1わ

1　しき　　4－1＝3

こたえ　3びき

2　しき　　5－4＝1

こたえ　1ぴき

3　しき　　3－2＝1

こたえ　1ぴき

求差の問題です。文と絵から式をたてて考えます。大きい数が「ひかれる数」、小さい数が「ひく数」となるよう注意しましょう。

P．38、39　5までの　ひきざん　まとめ

1　しき　　3－1＝2

こたえ　2まい

2　しき　　4－1＝3

こたえ　3まい

3　しき　　4－3＝1

こたえ　1ぽん

4　しき　　5－2＝3

こたえ　3びき

P．40、41　9までの　たしざん①

☆　6こ

1　○○○→←○○○○

7こ

2　○○○→←○○○

6さつ

3　○○○○○○→←○

7わ

たし算で、あわせていくつの問題（合併）です。これまでより大きい数のたし算になります。やり方はこれまでと同じです。○や→を描いて考えると分かりやすくなります。

P．42、43　9までの　たしざん②

☆　しき　　5＋4＝9

こたえ　9にん

1　○○○○→←○○○○

しき　　4＋4＝8

こたえ　8ひき

2　○○○○○○○○→←○

しき　　8＋1＝9

こたえ　9とう

3　○○→←○○○○○○

しき　　2＋6＝8

こたえ　8ほん

みんなでいくつの問題（合併）です。文を見て式をたてて計算します。文の中の数字を○を描いてイメージしてから考えましょう。

P．44、45　9までの　たしざん③

☆　しき　　5＋1＝6

こたえ　6ぴき

1　しき　　5＋2＝7

こたえ　7ほん

2　しき　　2＋5＝7

こたえ　7こ

3　しき　　6＋2＝8

こたえ　8こ

合併の問題です。文を見て式をたてて考えます。難しいときは○を描いて考えましょう。

P．46、47　9までの　たしざん④

☆　7ひき

1　○○←○○○○

6わ

2　○○○○○←○○○

8にん

3　○○○○○○←○○○

9こ

増えるといくつの問題（増加）です。「もとの数」「増える数」を意識しながら考えましょう。

P．48、49　9までの　たしざん⑤

☆　○←○○○○○○○

しき　　1＋7＝8

こたえ　8ひき

1　○○○←○○○

しき　　3＋3＝6

こたえ　6だい

2　○○○○←○○○○○

しき　　4＋5＝9

こたえ　9にん

3　○○○←○○○○○

しき　　3＋5＝8

こたえ　8こ

増加の問題です。「増える数」がどれか指でおさえて考えましょう。

P．50、51　9までの　たしざん⑥

☆　しき　　7＋2＝9

こたえ　9さつ

1　しき　　3＋5＝8

こたえ　8だい

2　しき　　2＋7＝9

こたえ　9わ

3　しき　　8＋1＝9

こたえ　9さつ

増加の問題です。数が大きくなると➡ではなく、○や●を描いて考える方法もあります。

P．52、53　9までの　たしざん　まとめ

1　しき　3＋4＝7

こたえ　7こ

2　しき　3＋3＝6

こたえ　6こ

3　しき　5＋2＝7

こたえ　7ほん

4　しき　6＋3＝9

こたえ　9こ

P．54、55　9までの　ひきざんⅠ①

☆　○○○○○　(○)→

5こ

1　○○○　(○○○○)→

3まい

2　○○○○　(○○)→

4まい

3　○○○○　(○○○)→

4ひき

「残りはいくつ」のひき算です。これまでより大きい数のひき算になります。難しいときは、○や◯→を描いて考えると分かりやすくなります。

P．56、57　9までの　ひきざんⅠ②

☆　○○○○○○　(○○○)→

6こ

1　○○○○　(○○○)→

4こ

2　○○○　(○○○)→

3にん

3　○○○○　(○○○○○)→

4さつ

求残の問題です。自分で○や◯→を描いて考えます。

P．58、59　9までの　ひきざんⅠ③

☆　しき　8－3＝5

こたえ　5にん

1　しき　9－2＝7

こたえ　7こ

2　しき　6－3＝3

こたえ　3わ

3　しき　7－2＝5

こたえ　5ほん

残りを求める問題です。□には何の数字が入るか、問題をよく読んで考えながら式を書きましょう。

P．60、61　9までの　ひきざんⅠ④

☆ ○○○○○○
○○○○
2ひき

[1] ○○○○○○○
○○
5ほん

[2] ○○○○○○○
○
6わ

[3] ○○○○○
○○○○○○○○
3こ

ちがいを求める（求差）問題です。絵を見て、○で描いて考える力をつけましょう。

P．62、63　9までの　ひきざんⅠ⑤

☆ ○○○○○○○○○
○○○○○
4ひき

[1] ○○○○○
○○○○○○
1ぴき

[2] ○○○○○○○○
○○○○○
3こ

[3] ○○○○
○○○○○○○
3にん

求差の問題です。問題に出ている数を○にすると問題がときやすくなります。

P．64、65　9までの　ひきざんⅠ⑥

☆ しき　7－3＝4

こたえ　4にん

[1] しき　9－5＝4

こたえ　4ひき

[2] しき　6－4＝2

こたえ　2わ

[3] しき　9－8＝1

こたえ　1ぽん

求差の問題です。文を見て式を考えます。難しいときは、○を描いて考えてみましょう。

P．66、67　9までの　ひきざんⅠ　まとめ

[1] しき　8－2＝6

こたえ　6こ

[2] しき　6－3＝3

こたえ　3だい

[3] しき　6－4＝2

こたえ　2わ

[4] しき　9－8＝1

こたえ　1ぽん

P．68、69　9までの　ひきざんⅡ①

☆　1ぴき

1　○○○○○○○○○
　　○○

　　7ひき

2　○○○
　　○○○○○○○○

　　5とう

3　○○○
　　○○○○○○○○○

　　6とう

「いくつ多い」と聞かれています。違いを求めるときはひき算を使います。

P．70、71　9までの　ひきざんⅡ②

☆　しき　　9－7＝2

こたえ　2ほん

1　しき　　7－5＝2

こたえ　2まい

2　しき　　8－7＝1

こたえ　1まい

3　しき　　6－1＝5

こたえ　5ひき

「いくつ多い」の問題です。2つの差を求めて、答えましょう。

P．72、73　9までの　ひきざんⅡ③

☆　1わ

1　○○○○○○○○○
　　○○○○○○○

　　2わ

2　○○○○○
　　○○○○○○○

　　2とう

3　○
　　○○○○○○○○○

　　8ひき

今度は「いくつ少ない」の問題です。このときも違いを聞かれているので、ひき算です。

P．74、75　9までの　ひきざんⅡ④

☆　しき　　7－2＝5

こたえ　5とう

1　しき　　8－4＝4

こたえ　4とう

2　しき　　7－6＝1

こたえ　1ぽん

3　しき　　8－6＝2

こたえ　2わ

「いくつ少ない」の問題です。2つの差を求めて、答えましょう。

P．76、77　9までの　ひきざんⅡ⑤

☆　こたえ　ねこが 1ぴき おおい

1　○○○○○○○○
　　○○

こたえ　あかいかみが 6まい おおい

2　○○○○○○○○
　　○○○○

こたえ　しろいくるまが 4だい おおい

3　○
　　○○○○○○○○

こたえ　はなのずかんが 7さつ おおい

「どちらがいくつ多い」の問題です。答えは数字だけではなく、「何が」を書くようにしましょう。

P．78、79　9までの　ひきざんⅡ⑥

☆　しき　9－4＝5
　　こたえ　とらが 5とう おおい

1　しき　7－1＝6
　　こたえ　かきが 6こ おおい

2　しき　6－5＝1
　　こたえ　かぶとむしが 1ぴき おおい

3　しき　8－1＝7
　　こたえ　しろくまが 7とう おおい

「どちらが多い」の問題です。式にするとき、大きい数から小さい数をひきます。問題をよく見て、式を書きましょう。

P．80、81　9までの　ひきざんⅡ⑦

☆　こたえ　くろいいしが 3こ すくない

1　○○○○○○○○
　　○○○○○○

こたえ　りんごが 2こ すくない

2　○○○○○
　　○○○○○○○○○

こたえ　えびが 4ひき すくない

3　○○
　　○○○○○○

こたえ　あまがきが 4こ すくない

「どちらが少ない」の問題です。「どちら」が、どの数字なのか考えましょう。

P．82、83　9までの　ひきざんⅡ⑧

☆　しき　7－4＝3
　　こたえ　ケーキが 3こ すくない

1　しき　8－6＝2
　　こたえ　みつばちが 2ひき すくない

2　しき　9－3＝6
　　こたえ　ずかんが 6さつ すくない

3　しき　6－5＝1
　　こたえ　いちごが 1こ すくない

「どちらが少ない」の問題です。「何が」「いくつ？」までしっかり考えて答えを書きましょう。

P．84、85　9までの　ひきざんⅡ　まとめ

1　しき　9－4＝5

こたえ　わたしが　5まい　おおい

2　しき　6－4＝2

こたえ　あたらしい　えんぴつが　2ほん　おおい

3　しき　8－7＝1

こたえ　すいかが　1こ　すくない

4　しき　7－5＝2

こたえ　グローブが　2こ　すくない

P．86、87　10になる　たしざん①

☆　しき　5＋5＝10

こたえ　10ぽん

1　○○○○○→←○○○○
○

しき　6＋4＝10

こたえ　10ぴき

2　○○○○○→←○○
○○○

しき　8＋2＝10

こたえ　10こ

3　○○○→←○○○○○
○○

しき　3＋7＝10

こたえ　10にん

10になるたし算です。

P．88、89　10になる　たしざん②

☆　しき　9＋1＝10

こたえ　10さつ

1　しき　7＋3＝10

こたえ　10さつ

2　しき　4＋6＝10

こたえ　10ぽん

3　しき　9＋1＝10

こたえ　10まい

10になるたし算です。10になる2つの数はなかよし数（10の補数）といいます。

P．90、91　くりあがりの　たしざん①

☆　しき　8＋5＝13

こたえ　13びき

1　しき　9＋3＝12

こたえ　12だい

2　しき　7＋4＝11

こたえ　11だい

3　しき　7＋6＝13

こたえ　13にん

くり上がりのあるたし算です。まずは、10のなかよし数を見つけて、10といくつになるか考えましょう。

P．92、92　くりあがりの　たしざん②

☆　しき　8＋6＝14

こたえ　14さつ

1　しき　9＋7＝16

こたえ　16にん

2　しき　8＋4＝12

こたえ　12ひき

3　しき　7＋5＝12

こたえ　12ほん

くり上がりがある合併のたし算です。
☆8＋6の問題では、
8のなかよし数（10の補数）は2です。
2が必要になり、6を2と4に分けます。
8＋2＝10
10と4で14
8＋6＝14です。

P．94、95　くりあがりの　たしざん③

☆　しき　9＋5＝14

こたえ　14こ

1　しき　8＋7＝15

こたえ　15わ

2　しき　7＋7＝14

こたえ　14こ

3　しき　6＋5＝11

こたえ　11こ

くり上がりのある、増加のたし算です。「もとの数」と「増えた数」を理解して、式が作れるようにしましょう。

P．96、97　くりあがりの　たしざん④

☆　しき　9＋4＝13

こたえ　13わ

1　しき　8＋3＝11

こたえ　11わ

2　しき　9＋5＝14

こたえ　14ひき

3　しき　6＋6＝12

こたえ　12にん

くり上がりあり、合併と増加のたし算です。文を読んで式をたてることに慣れましょう。

P．98、99　くりあがりの　たしざん　まとめ

1　しき　6＋7＝13

こたえ　13にん

2　しき　5＋6＝11

こたえ　11ぽん

3　しき　7＋4＝11

こたえ　11こ

4　しき　4＋9＝13

こたえ　13びき

P．100、101　10からひく　ひきざん①

☆　しき　　10－５＝５

こたえ　５ほん

1　○○○○○○○○（○○）→

しき　　10－２＝８

こたえ　８こ

2　○○○○（○○○○○○）→

しき　　10－６＝４

こたえ　４ほん

3　○○○○○○○（○○○）→

しき　　10－３＝７

こたえ　７さつ

> 求残の問題です。
> 10からひくひき算は、くり下がりの問題で大切になります。10－○という問題に慣れることが大切です。

P．102、103　10からひく　ひきざん②

☆　しき　　10－８＝２

こたえ　２こ

1　○○○（○○○○○○○）→

しき　　10－７＝３

こたえ　３こ

2　○○○○○○○○○（○）→

しき　　10－１＝９

こたえ　９ひき

3　○○○○○○（○○○○）→

しき　　10－４＝６

こたえ　６ぴき

P．104、105　くりさがりの　ひきざん①

☆　しき　　11－５＝６

こたえ　６わ

1　しき　　12－６＝６

こたえ　６わ

2　しき　　13－６＝７

こたえ　７にん

3　しき　　11－４＝７

こたえ　７だい

> くり下がりのあるひき算の問題（求残）です。
> ☆11－５のようなくり下がりのあるひき算は、10－５＝５、５＋１＝６と考えます。

P．106、107　くりさがりの　ひきざん②

☆　しき　　15－７＝８

こたえ　８わ

1　しき　　17－８＝９

こたえ　９ひき

2　しき　　14－６＝８

こたえ　８こ

3　しき　　16－９＝７

こたえ　７ほん